猴面包树

与萨特一起升维认知

[法]弗雷德里克·阿卢什 著 赵旭 译

上海三联书店

目录

使用

方法

　　这是一本不同寻常的哲学书。一般而言，哲学通过认识、分析世界以达到改造世界、提升人类文明的目的。但大部分哲学书都是对普遍真理感兴趣，只注重基本理论的研究，反而忽视了实际应用。而本书则不同，注重的是吸取经典哲学中有实际应用的价值，即能切实改善我们生活的观点，因此更侧重对日常生活的详细剖析，如我们对自身存在的态度、我们赋予存在的意义等。

　　然而，实践总是需要理论来指导的。因此，想要得到幸福生活和自我发展，还需要花点时间在理论思考上。我们不愿趋炎附势，又想更容易地谋求自身发展，自然需要一些方法论的指导，因为有新想法和新构思，才会有新行动和新生活。实际生活中，我们经常会因为有了一个新想法而开心，甚至欣喜若狂！可见，想法产生的时候就已经在改变我们的生活了。

　　这就是我们为什么建议读者在寻求自我改变前进行思考、摆正位置的原因。首先我们要清楚自己的问题在哪儿，再用新的理论观点去解释为什么会出现这些问题，接下来才能用具体的行动去解决这些问题。只有观念转变了，认知方式和行动方式才会改变，才能从更广阔的视角去思考我们的存在及其意义。这套丛书就是按照这个逻辑层次展开的, 分为以下四个部分。

一、指出问题

首先确定要解决的问题: 我们的问题在哪儿, 是由哪些因素造成的? 如何准确地知道我们错在哪儿, 不切实际的地方在哪儿? 准确地指出问题所在是解决问题的第一步。

二、理论工具

哲学思想是如何让我们觉醒的? 如何转变观念才能掌控自己的命运? 在这一部分, 读者将领略到最前沿的哲学观点, 以全新的视角来思考人生和自我存在的意义。

三、行动方法

如何让新理念切实改变我们的行为和生存方式? 如何将哲学思想应用到日常生活中? 如何用思想改变行为, 从而改变我们的存在? 读者阅读此部分内容之后, 会找到想要的答案。

四、关于人类存在的意义

本书的最后一部分将介绍萨特关于人类存在意义的

哲学观，会更具理论性、思辨性一些。既然读者经过前面的阅读已经知道如何过好自己的日常生活了，那么接下来就应该寻找更广泛的人生意义，即整个人类存在的意义，并以此指导自己的人生。因此，在介绍完提升生活品质的方法和手段后，接下来会讨论目的，即人类存在的最终目的。但如果不知道人类的地位，没有着眼于全人类的视角和科学的世界观，我们就无法准确界定人类存在的最终目的。

不愿向生活屈服，想要积极面对人生、挑战自己的读者，一定会在此套丛书中找到最适合的答案。每章节后面的关键问题可以让你将学到的哲学思想运用到实际生活中。当然，你也要努力学习真正掌握且能灵活运用这些哲学观点的方法，寻找合适的机会将其付诸实践。

你准备好这次的阅读之旅了吗？旅途中可能平淡无奇，也可能充满惊喜。你准备好告别曾经的安稳，开始改变思维方式，投入全新的生活了吗？这次旅程在带你领略二十世纪伟大哲学家萨特的思想的同时，也会带你走进自己的内心深处，更加了解自己。那么，现在就让一个个哲学问题、一个个哲学观点，随着书页的翻动，引领你去发现萨特的思想是如何改变生活的吧！

第一章

症状和诊断

决　　　定　　　论　　　枷　　　锁

受约束的自由

在法国，法定的成年年龄是18岁。到了18岁，就意味着我们是自由的个体，就要对自己的行为负责，对任何违法行为都要承担相应的法律责任。换句话说，任何成年人触犯了法律，都要受到应有的惩罚。这是因为，我们普遍认为成年人已经具备明辨是非的主观意识，有能力判断何为违法行为并尽量避免其发生。也就是说，社会理所当然地认为成年人是有自由意志的。然而，2010年3月进行的一项民意调查显示，在被问及的法国人当中，有55%的成年人觉得自己越来越不自由[1]。可见，我们的感受与官方宣称的多少还是有差距的，而且这种"自由意志"对我们来讲，更像是一个陷阱。

无法改变的先天决定

即使没有社会束缚，就个人生活而言，我们不是也经常有一种置身于无法摆脱的牢笼中的感觉吗？我们每个人都有过这样的感觉：我们的一切都由先天属性或者童年经

---

[1]　"自由、平等、博爱，今归何处"，法国索福莱斯/逻捷克民意调查所，2010年3月25日、26日。

历预先决定了，就好像一切都是事先安排好的，我们无力改变任何事情。

如果我们天生笨拙，就会认为这个缺点是与生俱来、无法改变的，因此会对自己说："就这样吧。"而我们身边的人却不这样想，他们会通过这个缺点来定义我们，说："他真是太笨了！"这样，除了习惯别人的嘲笑，我们似乎也想不出来别的办法了！如果我们天生胆小，那么在选择职业的时候，哪怕知道能为别人提供帮助的职业更好，我们也还是会优先考虑做会计而不是海上救生员。我们会给自己的朋友列出清单，给他们贴上各自的标签：他很古怪，他总是优柔寡断，不要太指望他，等等。

我们每个人都受到这种先天决定论的影响。根据这种论断，我们大家都一样，都具有一些特性，一些不是由我们自身所决定的，而是先于我们存在的因果关系所决定的特性。这样一来，我们的自由就有了一些无法逾越的限制，构成了我们所置身的牢笼。于是，无论拥有怎样的苦难命运，我们都会从中寻找一些人力不可为的原因：我们就是这样，这就是生活，我们无能为力。

在这种情况下，我们很难不气馁和屈从。某个人发挥作用的过程就像某个产品的生产过程：先被研究考量，接着分析特性，再根据特性进行开发利用。这个人的某项作用或某些作用都由它的使用者决定，就如同我们是在回应对自己的定义，回应封存我们存在的先天本质。

以一本书或是一个拆信刀的生产为例，它是手工业者在一定的生产理念的指导下生产制造出来的。因此，手工业者生产拆信刀就要参照拆信刀的生产理念，当然包括其中必不可少的生产技术，也就是生产方法。所以，一把拆信刀就是某种生产方法和某项既定用途共同作用的产物。我们不可能让一个根本不知道拆信刀是干什么用的人去制作它。所以，生产拆信刀的方法和让它得以被生产出来的特有用途是它存在的实质——而这种实质先于存在本身。

——《存在主义是一种人道主义》

按照先天决定论的观点，我们会被宿命论所左右，认为人的命运是由性别、出身和童年经历决定的。然而，这种观点的形成是建立在事实真相的基础上，还是只是一种主观臆断呢？有一点是确定的：只有分析出我们因何遭受外部压力，辨别是什么原因造成了我们的不自由，搞清楚先天决定论的不同形式，我们才有机会摆脱束缚、获得自由。

来自宗教或哲学的束缚

有神论者倾向于认为：上帝创造了有思想、有意志的人类，而人类对于善的渴望永远受到恶的牵制，比如欲望、犯罪等。因此，假如我们说谎或者窃取了本不属于自己的荣誉，就会受到良心的谴责，因为这样做是错的，是明显与宗教教义上的道德标准相违背的。就因为"教义已经这样规定"，我们就莫名其妙地加入了一个无法选择规则的游戏，而结局也就注定了——下地狱或者上天堂。

此类观念并不是宗教所特有的，而是存在于整个希腊哲学传统中。那么，在希腊哲学家的眼中，人类又是怎样的存在呢？他们认为，人类的本性应该是向善的，"德行"（即道德高尚、品行纯良）体现人性。于是，标杆就形成了，所有人都应该朝着这个方向努力。随着时代的变迁，这个关于人性的思考在后来的启蒙运动时代又有了新的发展：人性本善还是本恶，或者是像康德（Kant）认为的那样，人性在本能寻求个人利益和理性遵守道德法则之间纠结、徘徊？

虽然对"人性"的诠释是多样的，但其基本的思维方式都一样：人类的演变进化是以某些我们无法选择的因素为基础的，这些因素先于人类存在，而后造就了人类存在。

我们设想上帝是造物主，而这位造物主大部分时间更像是一个高级手艺人，无论我们遵循哪种学说，是笛卡儿（Descartes）的也好，还是莱布尼茨（Leibniz）的也好，都不得不承认，意愿是遵从辨别力的，或者至少二者是相伴存在的，因为上帝造物的同时，一定明确地知道他在造什么。因此，上帝眼中的人类，和手工业者眼中的拆信刀没什么两样。所以，上帝造人的过程也是如此：他先对人有一个概念，再运用一定的生产技术手段将其生产出来，和手工业者生产拆信刀的过程如出一辙。

——《存在主义是一种人道主义》

先天的束缚

如果对人性的理解以超越时空的先天决定论为前提，认为任何人的一生都只是同一模板的一个特殊变体，因此就有了人性的差别，就像同一物种会细分为不同的品种一样，那么也可以对人性进行分类，每种人都有其各自的特点。以女人这类群体为例，在先天决定论者看来，灵巧、敏感是女人特有的本性，因此每个女性都天生具有母性特征——她们可以热衷厨艺，却肯定干不了像造炮楼这样的事情。然而，这种对女性本质的界定，就是用条条框框限制住了女性潜力的发挥。《第二性》(Deuxième Sexe) 的作者——存在主义作家西蒙·德·波伏瓦 (Simone de Beauvoir)——也是萨特一生的亲密爱人，她就认为这种论断是毫无根据的主观设想，不过是一种歧视妇女、奴役妇女的手段罢了，人们意图通过这种手段让妇女心甘情愿地待在家里带孩子、做家务，听从丈夫的支配！

然而，妇女并不是这种本质主义唯一的受害者。代表性的受害群体还有"黑人"(天生的运动员)、"阿拉伯人"(天生的小偷)，以及"犹太人"(天生的吝啬鬼)，所有这些人都被贴上了标签——怪脾气、令人恶心，甚至可能具有危险性。而且，种族主义者认为，他们的这些缺点与生俱来、无法改变。就像萨特曾经在关于犹太人的描述中提到的那样：这些自然属性只不过是引用它的人找的一个可以为其所用的借口罢了。

如果说中世纪的宗教，在可以将犹太人收编或屠杀的情况下选择容许他们自由存活，那是因为当时的犹太人可以为他们提供金钱，是他们首要的经济支柱：这群魔鬼，他们从事的职业是那么的不堪，却又必不可少；他们没有土地，不能服兵役，只能从事金融贸易，而这正是基督教徒们不屑从事的行业，这也就更加加剧了宗教对犹太人的厌恶。人们现在指责犹太人从事的职业是非生产性的、无意义的，却没有意识到他们也是被迫选择这一职业的。毫不夸张地说，就是基督教强行禁止了犹太人的融入，强加给他们这项不得不擅长的职能。因此，就是反犹太分子造就了犹太人。

——《关于犹太人问题的思考》

不说遍布世界各地，也是普遍存在的本质主义，也一样是用特性来定义个体的，即用一个人的脾气秉性来给他贴标签。因此，如果我们上文提到的会计，因为一时冲动，颇为冒进地强烈表示希望做海上救生员的话，就会遭到如下的反诘："就你，还想做救生员？你小的时候，怕水怕得连洗澡都不敢！"于是，这个人就很难再坚持做救生员的想法了。

按照这种观点，单凭我们的脾气秉性就能决定我们的人生道路。我们如果天生胆小，就会一直胆小，且不可逆转。萨特在《圣热内——喜剧演员和殉道者》(Saint Genet. Comdien et martyr) 中提到的爱挑战人生的反传统作家让·热内 (Jean Genet) 的遭遇就是这样，因为他在10岁第一次偷盗之后，就被他的监护人定性为"坏孩子"。

此外，这种天赋观念论正在被遗传学所取代。这样，在理论和实践方面，我们至少有了一个痛斥、反驳先天决定论的工具。你是否还记得几年前围绕造成多动症、犯罪和粗野行为的伪基因进行的公众讨论？

童年束缚

有人说，我们的天性是在人生的最初几年形成的，即我们同样会受到过去经历的制约。例如，如果我们在一个贫困的家庭中长大，年轻时生活过得很艰难，那么我们人格的形成、欲望诉求以及人生选择都会受其影响。因此，童年是人生的关键时期。如果你感觉做什么都失败、人生曲折坎坷，那么很可能是你有一个成功的兄弟，他无论是在学习、工作，还是个人生活方面都很成功，所以父母更偏爱他，这种感觉在童年时就在你的心中扎下了根。设置这样一个标杆有什么用呢？受宠爱的儿子永远比不受宠的那个耀眼、成功。这种后天决定论也和先天决定论一样，让很多人自暴自弃。

深陷其中的人们，多数认为自己的思想和行为并不是发自内心地有意为之的，而是由过去的精神创伤引发的。于是，我们会求助心理医生帮自己跨过生命中的重重荆棘。然后，我们就会对其形成依赖，认为只有心理医生才能给自己安慰和自由，为我们的过去做一个详细且有条理的分析。在萨特看来，弗洛伊德精神分析法也是隶属于决定论的，它禁止人们对自己的未来做规划，限制个人的自由成长。因为，如果我们只用童年，即人生开始阶段的生活环境和人文环境解释现在的行为，那么多半会陷入怨恨和复仇的陷阱：我们怨恨那些对我们的童年造成伤害的人，想要向他们复仇！试想，一个心中只想复仇的人，又怎么能自由成长呢？

逆来顺受是毒药

如果没有什么能改变我们，那是因为我们早已被自身的本质所预判。所以，当大多数时候觉得力不从心、事与愿违时，我们又怎能不气馁、不放弃呢？宿命论扼杀了我们的理想，消磨了我们的斗志，麻痹了我们的创造力。于是，我们陷入了一个由某些潜在危机形成的圈套，且跳出来的可能性微乎其微。梦想中的生活只能留给别人，留给那些受命运青睐、拥有幸福童年和美好未来的幸运儿。而我们只能接受放弃、接受剥夺，生活在挫折和沮丧中，被迫接收一切的可望而不可得。满意的工作、理想的伴侣和完美的子女都只能属于我们的兄弟；相反，颠沛流离、无依无靠才是我们的宿命。安全的港湾只存在于想象中，我们只能在电影院或书中寻求短暂的安慰。对于我们这些人，难道梦想只能是天方夜谭吗？

我们会偏执地认为，除了接受他人的定义之外，我们别无选择。这样，自我和本我之间就有了永久的裂痕。我们总是觉得在现实与理想之间存在一条不可逾越的鸿沟，导致我们永远无法自我满足。因为我们发现，过想要的人生，制订人生规划以寻求发展，和自我和谐共处这些简单、基本的要求，在现实中都是不可能实现的。

萨特建议我们关注究竟是什么限定了我们和他者的关系，这样我们就会知道这种关于我们和他者的关系的详细分析是以何为依据的，也就能更好地理解我们为什么会接受放弃、"休眠"中的自由和物化生活的索然无味。

关键问题

1. 你感觉自己自由吗？你的愿望和理想是否总是受到某种限制而无法实现呢？试想一下：是什么造成了这些阻碍和限制？上文观点的价值何在？

2. 你认为人类有共性吗？你认为能对人类进行简单定义吗？是否可以认为，人的本性背后还存在内在的，或者超越我们认知的意志？先不说宗教信仰，毕竟它们的本质是出于善意的，但也不能因此就认为宗教的理论都是正确的吧？哲学家、科学家以及心理学家，他们的观点言论就一定是不可反驳、必须接受的吗？

3. 你认为自己的性格特点是先天决定且有些是无法改变的吗？如果是的话，请说出是哪些特点及其原因。试着通过回想这些性格表现来找出它们出现的原因。

4. 人人都难免有逆来顺受、委曲求全的时候。那么，你的逆来顺受是暂时的还是持久的，是在行动前还是行动后呢？你是否想过与之抗衡呢？

他人即地狱！

"罚入地狱，遭受酷刑，忍受痛苦的折磨"，这不是在天上，而是在人间，就像萨特在他的著作《隔离审讯》(*Huis clos*)中说的那句至理名言："他人即地狱。"但是我们也清楚地知道：没有了他人，我们什么也不是。我们与他人紧密相连，他人是我们自我存在不可分割的组成部分。当然，与他人共存是复杂且艰难的，我们无法预料他人的行为和评价会给自己带来多少问题和痛苦，会强加给我们多少负面形象，又会制造多少需要我们打破的刻板印象。所以，萨特认为，我们应该努力认清自身和他者的关系——首先是具有破坏性的冲突关系——不要太晚意识到它的存在。

来自他人目光的束缚

也许，我们都有过把身边那些令人感到窒息的人通通赶走，去一个荒无人烟的小岛的想法，那里没有同事、没有家人、没有朋友……因为他人经常是我们失望和痛苦的源头。如果没有他们施加的压力、限制和痛苦，我们就会生活得很平静。例如，在工作中，如果不是某个同事在大会上对你说带刺的话激怒你，你就不会失去冷静，冲动到想杀了他。况且，冲动发火不仅对身体不好，也会让全公司都认为你是一个易怒的人。

和他人共处的日常生活就是这样充满冲突，而这些冲突又会伤害、打扰到我们。而萨特认为，这是人类无法摆脱的必然。"他人是连接我和自我必不可少的桥梁。"（《存在与虚无》，P265-266）

确实，如果没有这位同事，我们怎么能知道自己有易怒的毛病，又怎么能判断自己在这方面是不是有所改进呢？尽管会很痛苦，很折磨人，但我们却无法摆脱他人。没有他人的对照参考，我们甚至都无法正常思考，因为要想了解自己，就需要参照他人的认知。他人的认知是自我认知的一面镜子，可以让我们认清自己、掌控自己，从而自我反省：我当时为什么要反应那么强烈？怎样才能改掉这个毛病？

为了凸显自己的与众不同，孩子总是对身边的人说"不"，拒绝父母的任何提议，总是遭到父母的拒绝会很不安。而事实上，这只是孩子用来引起大人注意以达到自我认可的一种手段。同样的道理，人类的认知从一开始就是以"否定"为前提条件的。出现自我意识实际上反映了排斥他人意识——只有通过否定他人的认知才能达到自我认知。笛卡儿的名言"我思故我在"告诉我们，存在始于意识。萨特对此有进一步的看法："我思考的时候，永远无法做到不考虑他人，所以思考反映的是一种关联。有了他人的存在，我们才能成为思考的主体；没了他人，就没了存在，所以，我们别无选择，只能勇敢地面对他人……"

觉得他人的看法很重要，就会和他人产生依赖关系，而太在意他人的看法，战战兢兢地生活在他人的目光下是很痛苦的。比如夫妻之间，一方的表现是热情还是冷漠就会反映出另一方在他（她）心中的位置。尤其是在出现危机的时候，这种反应更能说明问题。所谓"患难见真情"，说的就是这个意思。如果有一天你突然发现自己的爱人变了，他（她）早晨醒来不再亲吻你，回家越来越晚，对你笑得越来越少，你就会产生怀疑，不再信任他（她），甚至试探、监视他（她），想知道他（她）是否还爱你。

他人，另一个我

我们和他人的关系首先是通过洞悉感知建立起来的。我们打量他人，有时甚至会坐在咖啡馆露天的座位上静静地观察他人。从这个意义上讲，萨特认为，他人之于我就是物体。

在现实生活中，一个"正在阅读的人"在我们眼中，与一块"冰冷的石头"和"一场毛毛雨"没什么两样。这说明他人之于我就是一个物体。

——《存在与虚无》

但是，很明显，他人的感受和我们是一样的，他人就是第二个我、"另一个我"——说他是"另一个"是因为我们因经历不同、兴趣爱好不同、理想不同而有所差别，因此哪怕是相似如孪生兄弟的两个人，也会有各自不同的人生轨迹。而这些不同的人生体验，各自的家庭关系、社会关系，以及职业范畴，决定了我们每个人都是独一无二的存在，都有着自己的人生观和世界观。同样，每个人对事物的感受，也会因为各自的感受和人生阅历的不同而不同。然而，我们仍然得承认，他人就是"另一个我"，因为我们和他人无论是在思想上还是在行为上都是相似的。总之，我们的共同点就是：我既是主体也是客体，因为我作为主体在观察他人的时候，也同样作为客体在被他人观察。我们不可能把他人视为无生命的个体，他人不是树、不是椅子，而是有意识的，也在观察世界，是可以像我们对待他们那样对待我们的。总之，他人是一个生命体，是具有某些特殊属性的生命体。

生活在一个有他人存在的世界里，大家都在争夺主体性。在我试图否定他人的主体性，认为他人只是客体的同时，他人也一样在努力否定我的主体性，认为我也只是客体。主体和客体只有相互承认，才能做到平等尊重。

物体就是已经被定义了的存在，而人作为有生命的存在，首先也会有一个界定。例如，如果你的外形不够端庄、态度恶劣、行为乖张，就很容易被他人定性为粗鲁的人。

他人目光将我"物化"了……

但是，生活在他人的评判下已是一种习惯、一种约定俗成，尽管很痛苦，而我们却无法改变。假如你是一个移民，法语又很差，一些人就会揪住这点，哪怕你在自己的国家是心外科医生，也会被认为是缺少教育的野蛮人。所以，外界的评论很容易给我们造成压力，经常会因为一个小缺陷就抹杀我们所有的才华和能力。同样，你的态度、外形、种族归属、社会阶层都会成为别人点评的焦点，且这样的点评毫无公正性可言，往往是负面评论居多。无论是陌生人还是你身边的人——家人也好，朋友也罢，都别太指望他们会包容你的缺点，因为他们的做法都是一样的，用一个缺点将你定性(不可救药的胆小鬼、逆来顺受的懦夫、家族的败类等)。就这样，我们像"物品"一样被武断地贴上了甩不掉的标签。

萨特关于人类存在的思考让我们了解了个体之间关系

形成的机制，明白自卑、烦恼和怯懦都来源于他人对我们的主观定义，还告诉我们难以和自身和谐相处的原因。我们总是会努力去迎合别人对我们的人格设定，陷入身边人设置的圈套中。而他们从不缺少可信的论据：一切都是注定的，优点、缺点和天赋，都是上天安排好的，我们能做的就是去适应，无条件地适应。所以，地狱就在人间，就在我们身边。

以萨特《隔离审讯》中的三个主人公加尔桑 (Garcin)、伊奈斯 (Ines) 和艾斯黛尔 (Estelle) 为例。他们死后，鬼魂被关在同一间屋子里，每个人通过其他两个人对他的谩骂和攻击，才知道自己到底是一个什么样的人。死亡让他们知道，生前禁锢他们的那些条条框框都是命运的安排，所以他们想逃离这些束缚的抗争都是徒劳的。被身边两个女人定性为"懦夫"的加尔桑描述了什么是地狱。

一尊铜像（他抚摸着它）……对，就是此刻，铜像立在那儿，我看着它。我知道自己到地狱了，因为一切都跟之前有人跟我描述的一样，我跟你们讲，他们告诉我，我会站在壁炉前，把手放在铜像上，在众人噬人的目光下（他突然转过身）……啊，就你们两个人？我还以为会有很多人呢（他笑了）。

怎么，这就是地狱，让人难以相信……没有想象中的硫黄、熊熊火堆和烙人的铁条。开什么玩笑，根本不需要铁条，他人即地狱。

——《隔离审讯》

羞耻感

请提高警惕，我们已经有些失去自我了，如果不及时悔悟，这种一味屈从于他人判断的做法只会让我们越来越偏离自我。不遵从内心，只靠观察、分析、对照他人的看法来做选择，到头来自己只会被他人牵着鼻子走。以艺术鉴赏为例：在我们欣赏一幅画或一个雕塑作品的时候，就会受到某个艺术家观点的引导，而把自我感受隐藏起来，为的是营造自己很懂艺术的人设，以取悦、魅惑他人。

同样，当我们坐在咖啡馆露天座位上静静地观察来往行人的时候，我们感到的是恬静自在，因为行人的举动被尽收眼底却不自知，完全是客体的存在，而我们这种处于绝对主体的感觉自然是很美好的。作为观察者，我可以毫无顾忌，想怎么做就怎么做，完全是自由的。可一旦目光与行人的目光相遇，我们又会惊慌失措。因为处境变了，暗中观察变成了四目相对，气氛立刻就紧张起来。至此，所有伪装被卸掉，我们被彻底打回了原形。还有一个例子：某个罪犯一直否认之前犯下的罪行，却被当场抓个现行。这时，他就像乡间小路上的动物被突然亮起的车灯惊得呆在那儿一样，完全失去了主体地位而客体化了。可见，只是一个眼神就能把我们震慑住、束缚住。所以，如果他人的存在对我们来说是必要的话，那么完全依赖他人而活就会威胁到我们的自由。

在萨特看来，承认并能辨认羞耻感有着重要的意义，因此他详细地介绍了何为羞耻感。

羞耻感的前提是要面对他人。是他人介入，我才会有羞耻感……我在别人面前那样表现，让我感到很羞耻。就是他人的出现让我开始不自觉地审视自己，站在他人的角度去看待自己，无形中就把自己客体化了。

——《存在与虚无》

假设你在别人背后做了一个很不雅的动作（你自己不会判断动作是否文明高雅，只是出于本能做了这个动作），但是如果那个人突然回过头看你，你就会醒过神来，意识到动作的不雅，羞耻感便油然而生。他人的目光立刻将我们客体化，迫使我们审视自己、评价自己。在萨特看来，羞耻感不是与生俱来的，而是他人的看法带给我们的。

不难看出，我们在忍受他人目光的时候，其实真正忍受的是自我认知和他人认知的偏差：他们说我们胆小，而我们自认为并不胆小，是他们将我们客体化了。与此不同，羞耻感的产生是我们认同他人看法的表现：我们感到羞耻，是因为自己和他人看到的一样——我们在做不雅的动作，此时，我们对自己的看法和他人对我们的看法是一致的。

我最初的堕落就是因为他者的存在；耻辱感和自豪感一样，都是对自己本质的一种判断，而这种本质我有时会分不清。这并不是说，我是因为被物化了而感觉失去了自由，而是物体就在那儿，别人就是那样看待我的，我无力改变别人的看法。而我去捕捉别人目光这个行为本身，就已经让出了自己的主体性。

——《存在与虚无》

因此，尽管他人只了解我们的外在，却扰乱了我们的世界，像对待没有生命的物品一样粗暴地对待我们，揭露我们的缺点，武断地通过行为定义我们的人格。出于自我防卫，我们也会以同样的方式对待他们。

人类认知间的争斗与伤害

我们总是不自觉地去适应他人对我们先入为主的界定，然后期待他人在对我们进行评价之前能先了解一下情况，但是这种依赖他人的想法本身就已经把我们客体化了。轻易认同他人对我们性格和身份的认定，会阻碍我们进行自由选择。这种他人界定甚至已经定下了人生方向和人生价值，让我们很难改变自己。我们的意志因此被摧毁，斗志也丧失了，尽管我们的内心从未停止过渴望自由。无法摆脱他人的定见——别人就是这样看我的，而我并不是那样——让你很苦恼。对此，萨特这样认为：从哲学的角度来看，我们这种"为他人而活"的观念，揭示的是一个自我被他人强行夺走主体性而被迫变成客体的过程。

但是，正如我们所见，反过来，他人也会遭受我们所遭受的：我的出现同样让他人感到不安和压迫，因为我也是人类相互斗争的参与者。而这时，他人的批评与指责也无法阻止我们辨别偏见和束缚。

害别人的人也同样会受到伤害，因为人们总是迷信最初的印象和已有的观点（当然，后期也会因时制宜地做一些修正）。例如，人们习惯于通过一个人的名声和刻板印象来评判他。所以，官员总会认为穷人或失业者就是懒惰的。但实际上，我们每个人都是单凭表象做出判断，最终会陷入斗争的旋涡。而这时的胜负对错并没有定论，只会随时间场合的变化而有所不同。萨特是这样描述个体之间这种永恒紧张关系的。

我努力想得到的也是他人想得到的；在我想挣脱他人束缚的同时，他人也在努力挣脱我的束缚；在我试图制服他人的时候，他人也在试图制服我。这种主客体关系绝对不是单向的，而是双向动态的，所以也正是"他者的制约"引起了个体间的冲突。

——《存在与虚无》

无论是男是女、是个人还是群体，有冲突就会有伤害。古往今来，这方面的例子并不少，我们有目共睹。如今，偏见给移民、郊区青年以及伊斯兰教徒带来的打击和伤害还少吗？我们提倡文化融合、社会平等、宗教自由，就是为了将一部分人边缘化，令其无法安居乐业吗？类似这样的冲突往往植根于一些思维定式和社会陋习，即某些人将其意志强加给他人所形成的思维定式。而我们每个人，都有可能是这些普遍存在的、所谓的社会道德标准的制定者或受害者。

关键问题

1. 没有他人的参与，我们就无从思考，他人就是我们的一面镜子。这种相互依赖的关系对你来说是理所当然的，还是会令你大吃一惊？这给你带来的是安慰，还是担心和焦虑呢？

2. 你对身边的大事小事都很关注吗？你喜欢思考吗？你会常常自我反思，审视自己的言行举止吗？

3. 你是否能做到客观看待别人对你的看法，或者干脆就不在乎别人的看法，还是你很容易被他人的看法左右，甚至伤害呢？真正伤害到你的又是什么呢？

4. 你是否曾经是某一冲突的一方，而这一冲突的起因是你的某种自我认知让你很担心自己能否在道德领域、职业领域乃至社会中被认可、有突出表现？

社会道德规范束缚

说到社会自由，一个普遍定律就是，当你不自由的时候，别人就自由了。这句话的意思就是，我们的自由必然会和他人的自由发生冲突。所以，到底是什么限制了我们的自由呢？当下的社会制度能否保障我们的自由呢？我们真的有自由思考的权利吗？对时局直言不讳就是真的自由吗？我们的想法单纯只是逻辑思考的结果，还是时刻受到诸如我们的过去、社会媒体等周围人和事的影响呢？

首先，只有思想自由，我们才可以对影响自身言论、选择和行为的社会道德规范做出评论。而意识到我们和他人之间的冲突，明白决定论让我们深受其害，则可以让我们清楚自己是在怎样的意识形态背景下进行思考的。此外，萨特还指出，他人的想法能够限制我们，他人的判断能够伤害我们，这绝不仅仅是某种预定思想或行为在左右我们。当然，我们要先努力打破这层制约。

社会制度束缚

我们的判断标准从何而来？价值观和道德准则是怎么形成的？首先，受的教育和置身的社会环境灌输给我们道德规范和行为准则，这成了我们自我判断和判断他人的标准和依据。所以，我们很早就知道如何区分善与恶、好与坏、美与丑。举个例子，当有一天，我们的孩子犯了严重的错误，差点伤害到自己时，我们会忍不住打他，而这又会招来责骂，因为现在是不赞成虐待儿童的，会被强烈谴责。但是，怎样才算虐待？如何界定虐待呢？不久前，打屁股、扇耳光（甚至是用皮鞭抽打）这样的行为不被认为有什么不妥，这就涉及教育体制了。然而，如果你小时候因为犯错被扇过耳光，现在还会让历史重演吗？十有八九是不会的。因为如今的道德标准告诉我们，这种做法是不对的。在法国，没有人会时不时讨论打屁股对不对，因为没有哪项法律明确规定不能体罚孩子。瑞典却不一样，他们的法规严格禁止体罚。而英国，只是禁止学校体罚学生。这样，假如我们生活在瑞典，哪怕认为打屁股不算暴力行为，也不能做，因为法律不允许。

我们的价值观会因我们接受的教育、所生活地区的历史传统、所处时代的不同而不同，但不管如何发展变化，它永远都是人们衡量是非曲直、划分优劣等级的一把尺子。而对他人是接受还是排斥，反映的不仅是个体的风格，还是一个民族乃至一个时代的思想境界。

我们当然是自由的，可以按照自己的意愿生活，但是一旦选择与主流道德标准相违背，就会处处碰壁。现今有个很热门的词叫"旅居者"，来自不同社会群体的许多人都是这种生活方式的拥趸。但问题是，这种独特的生活方式也遭到世人的唾弃，甚至不为社会制度所容许。

个体意志间的冲突是每个人都想争取自由的结果，进而引起社会团体间在经济、社会、种族、宗教等方面的冲突。而披着哲学或者宗教外衣的决定论——无论是先天决定论还是经验决定论，其本质都是树立自我主体性，将他人客体化。

告诉我你拥有什么，我就会告诉你你是谁

二十世纪五十年代，罗兰·巴特（Roland Barthes）出版了《神话学》（Mythologies）一书，帮助我们通过某个时代的特征、现象，以及诸如旅游手册《蓝色向导》（Guide Bleu）和新型雪铁龙这样有代表性的物品来更好地理解那个时代的意识形态。那么，现如今又如何呢？如今世界的发展速度无疑是令人瞩目的。就在不久前，四驱汽车的更新换代和广泛使用表明，无论是在汽车领域还是其他领域，法国都领先于世界上其他国家。这是我们的成就，代表着我们的国力，让

我们有信心在通往未来的道路上排除万难，立于不败之地。还有iPhone手机，有了它，我们当然很开心。它代表了现代性，我们可以通过它下载各种应用软件，随时随地了解世界万物；仿佛有了它我们就无所不能了！更有说服力的例子是互联网的诞生。今天，网络对我们来说已经不再是可有可无的了，而是一种必需品。我们越来越多地在线上办公：网上纳税（有时可以因此将期限延长），网上注册公司，网上填报高考志愿，等等。所以，不上网，你就不是一个正常人。

此类贴有时代标签的产品丰富多样，更新换代的速度也很惊人，外观型号日新月异。它们不仅反映我们的生活水平，更是个人身份的象征——这揭示了我们这个时代的思维逻辑和消费理念，即"拥有决定存在"。一个群体乃至一个社会对某个人是接纳还是拒绝，不是看他的本质属性，而是看他拥有什么。对此，我们怎能视而不见？物品只不过是意识的载体、一种表象，而在我们这个时代，竟成了自我认可或否定的核心依据！在一定的社会秩序下，根据表象判断事物会导致偏见，从而引起冲突甚至战争，其结果就是：人与人之间的关系紧张，团体与团体对立，暴力行为、沮丧情绪和不幸福感滋生。现在，社会上镇静药物销售量激增，心理医生的需求增加，就是这方面最好的证明。

"强健体魄"之美

现代人不仅在智力、道德乃至政治方面有硬性指标，在形象方面的压力也很大。这主要是指对身体相貌的过高要求，以及由此引发的一系列间接伤害。这方面的标准可以用三个词来概括：健康、苗条和年轻。这种一刀切式的审美标准无孔不入，先通过杂志、广告和电影等媒介大肆宣传，再利用一些偶像明星或者具有完美形象的所谓"男神""女神"做标杆，吸引大众竞相效仿。此外，还有美容护肤产品和外科整形市场的营销策略：它们以保健为名，标榜崇尚运动和舒适，目的是让你多光顾它们的生意、做SPA或接受各种养生疗法等。作为参与社会活动的主体，我们对身体倍加关注，我们也很注意保养自己的身体，且丝毫不敢松懈，有时甚至到了强迫的地步。没有什么比时刻被清规戒律捆绑更糟糕的事情了，没有什么比被人指指点点更难受的事情了，哪怕措辞很委婉——"他有些保守""他上年纪了"。这种双重打击让人越发觉得悲哀：外形不完美就算了，自己竟然是造成这种不完美的罪魁祸首。然而，我们是否在做自己力所能及的事？以现在的科技和医疗水平，我们真的能做到永葆青春、完美无瑕吗？

屈从与让与

就像教师期待学生努力学习，取得好成绩，父母希望孩子有教养，对人有礼貌一样，社会也有它的行为规范要遵守。而现在，这些行为规范的服务对象是信奉享乐主义的人——他们追求各种形式的快乐和享受，以逃避痛苦，掩饰怀疑、焦虑和不幸。每天有大量信息（指令）告诉你如何让自己更幸福，做更好的自己：给垃圾分类，每天吃5种蔬菜水果（有机的），不吸烟、不喝酒。如果每条你都严格执行了，也差不多就会被逼疯了。

在萨特看来，实际上，就是这些学校和教育灌输的行为规范、法规法则限制了我们的天性，妨碍了我们的能力发挥。就是这些条条框框将我们的言行模式化，令人丧失了思想和行动的自由，最后只能墨守成规，无从改变、无从发展。

萨特对职场很感兴趣，在《存在与虚无》一书中就举了一个咖啡馆服务生的例子。经过对其的观察和分析，他这样总结：为了不被解雇，服务生得最大限度地满足人们的要求：不只是端茶倒水那么简单，而是要时刻想着做到最好，要以模范服务生的标准要求自己——托着盘子灵活地穿梭于客人之间，精神饱满，对待客人热情周到，等等。可见，想要扮演好自己的社会角色，就得完全满足他人的期待。

就是这样，有很多法子可以把人关进他者为你建造的牢笼。终日提心吊胆、战战兢兢，躲不开、逃不脱，更没法一下子打破。

—— 《存在与虚无》

偏差与拒绝

循规蹈矩受到束缚，打破陈规则会将自己边缘化，甚至被迫出局。工作中，循规蹈矩者没有自主选择的自由，只会听从别人的指派。同样，如果我们拒绝扮演他人给我们设定好的社会角色，就会遭到质疑甚至被抛弃。

所以，我们常常提倡生活方式统一化、思维方式模式化，以使社会秩序得以确立、社会稳定得以保证。这样一来，谁还有理由不各司其职、各安其命呢？社会秩序不能乱，其逻辑依据就是宜守不宜变、宜静不宜动。也就是，拥有同样习惯、同样传统的一群人，每天重复着同样的话语和同样的行为。所以，那个咖啡馆的服务生除了恪尽职守之外别无选择；流氓一定会走向犯罪，任何改过自新的尝试都是徒劳的（现在的司法体制表达的就是这个意思）。还有妇女们，她们的社会地位和工资薪酬仍然比不上男人，所以她们也没有完全解放。

就是这样，制度的制定就是为了阻止改变，将一切统一化，排除异己，整齐划一。它批判"新"，拒绝"异"，迫使人们委曲求全地生活在自己的角色里，不让他们自由选择人生，否则就斥之为另类，孤立他们，令其生活在不幸与恐惧中。

认识到决定论的危险性，除了在理论上给其倡导者和盲目的追随者（让我们联想到了战后的存在主义模式）以反击之外，萨特还致力于让自己的哲学思想成为每个人获得自由的武器。因为哲学可以帮助个体以及社会团体重拾寻求自由、改变命运的意识和信心。

关键问题

1. 有没有人问过你，你的判断标准从何而来？教育又从中起到了怎样的作用？能将教育与阶级、时代，以及政治、经济、文化等因素剥离开，孤立地看待它们吗？

2. 意识到决定论的存在能否帮助你跳出来，审视自己的思维方式，进而重新思考一下为什么你会遭受他人的伤害或排斥，或者你也会给他人施加伤害或排斥呢？

3. 在你看来，消费社会施加给每个人的压力有什么特点？试着分析一下：在这样一个一切用颜值说话，紧扣外形，极力追求美，被时尚牵着鼻子走的所谓规范化的社会里，个体意识以及个体之间的关系又是怎么形成的呢？

4. 你觉得自己满足了他人对你的期待吗？这让你感觉安心还是越发忧虑、沮丧和痛苦呢？你在扮演自己的社会角色时是轻松还是局促呢？

5. 你是否从来没有质疑过这些社会规范，从来没有想过不做自己而换一种活法呢？为什么迟迟没有迈出这一步，是因为你害怕破坏自己在他人心目中的好形象吗？

第二章

开悟之门

意 识 自 由 ， 创 造 力 的 源 泉

人不是物品，他会思考

　　囿于他人的目光和社会角色，不能自主改变命运，被宿命论像大山一样压住，动弹不得、思考无门，这样的我们和物体又有什么两样？

　　在工作中，我们时常感觉自己就是机械生产线上的一个齿轮，很容易被另一个同样的齿轮代替；在实际生活中，我们也经常会像物品一样被使用，就像车展上的女车模，她们的身体不就只是四轮机器的一个陪衬而已吗？谁都有过被轻视、被贬低的经历吧？所以，我们只不过是决定论下的牺牲品——一个被困在人设、困在先见中的个体，这种压抑有时会让我们想大喊，就像电视剧《囚徒》(Le Prisonnier)中的帕特尔克·麦高汉 (Patrick McGoohan)那样，大声喊出"我并不是一串编号，我是一个自由人"。

　　萨特认为，人类之所以能成为自然界的主宰，就是因为人类有思维、有意识。这也是人类与其他生物的不同之处。人类不是物品、因子，也不是动物，而是可以打破决定论统治下的陈规陋习、做自己决策和行为的主人。

　　这一理论(存在主义)是唯一能还人类尊严，不把人类物化的理论。而唯物主义是把所有人视作物体，即一种客观的存在，与桌子、椅子或者石头的性质和呈现形式没什么两样。我们所要构建的人类统治地位，不是在物质上，而是在存在价值上。

——《存在主义是一种人道主义》

萨特的意图很明确：重拾人类的优势，与妨碍人类自由的理论和行为做斗争。人类意识是多元化且不断发展的，这为我们提供了无限可能。明白了自我意识的存在可以让我们知道，自我意识的确立与拥有自我选择的自由是密不可分的；而拥有这种自由之后又会产生一定的责任，也正是这种责任常常让我们陷入焦虑。

两种存在方式：自在存在和自为存在

物质的本质与人类对它的定义是一致的，其存在就是为了满足人类对它的既定功能需求。因此，客厅里的一张桌子的定义是：由一条或几条腿支撑的一个平面物体，是用来放餐具或款待客人的。物体的特征是，你看到的是什么就是什么，只需要知道它的用途和使用者就可以定义它。这上升到哲学观点就是：本质先于存在。它和自身不发生任何关系，因为桌子是不会知道自己是谁的，也不会思考问题，更不会自我改变：没有见过哪个物体为了满足主人的需要而改变自己的。

当然，动画影片里的桌子也会有生命、有情感，这没什么好奇怪的。电影、绘画和文学之类的艺术，只不过是人类想象出来的东西。想象可以将事物拟人化、理想化，赋予它们思想和情感。但想象终归是想象，代替不了现实。现实中的桌子，只能被困在人类给它的定义里，日复一日地默默坚守着自己的位置，直至消失殆尽。因此，萨特说桌子的本质永远和它的存在是一致的。

这种一致就是物质与其本身的一致，可以说：物质存在就是物质本身，本质与存在之间没有任何差距，也没有任何不同。其存在是单一性的，不像人类永远是双重性的。所以说，桌子就单单是张桌子而已。

——《存在与虚无》

物质存在与本质没有偏差，这种一元性决定了物质的存在就是为了发挥它应有的作用，既不会背叛，也不会辜负人类的期待。以养宠物为例：你为什么会选择养猫？不就是因为猫不会变心、不会对你猜疑，会永远忠实地陪伴你吗？而人类却因为能思考，想法太多而过于善变。也正因为这种变数的存在，我们才会经常在重大会议、体育比赛和第一次情侣约会前给自己打气——"你可以的""你能行""没有什么可害怕的"。但是，约会一旦失败，我们又会有一万种理由来责备自己。

总之，只要思考，我们就会有双重身份，就能走出自我、审视自我，成为萨特所说的"自我的旁观者"。这时，我们既是观众也是演员，既是观察者也是被观察者。

在虚无中重生

失去亲人的时候，你会觉得自己很不幸，因为你会难受、哭泣，跟朋友说你不开心。而当有一天发现你爱的人也爱你的时候，你又会觉得自己很幸福，因为你看见自己在笑、在欢快地跳跃，感觉心情轻松愉悦。这时，我们就跳出了自我，以他人的身份去看待自己，判断自己的感受。超然于自我的我们，审视着自己，判断自己的幸与不幸，但也要知道，这只是我们在某个时间段特有的感受，有可能第二天就不会有这种感受了。所以，我与自我之间永远不会完全重合，我们的判断与感受永远不可能完全一致。

萨特认为，"我"只是"当前的自我"而已。

事实上，所有"当前的我"的背后都隐藏着一个潜在的"我"，表象的"我"与实际的自我相剥离。"我"与"自我"完全统一，只是一种理想状态，只有人类头脑里没有一丝杂念的时候才能实现。

——《存在与虚无》

何为"杂念"？如果用"满"来描述一件东西最完美的状态，那么如何在内心构建意识的"空"呢？我们总得对外界做出判断，尽管有偏差，但意识是永远存在的，尽管很难像定义桌子一样确切地定义它。并且，如果没有人的意识去定义桌子，桌子也就失去了其存在的意义，就什么都不是了。这就是为什么萨特将物质定义为"虚无"。

通常我们所说的"空虚"，指的是觉得无聊、无所事事、没有理想和奋斗目标；与此相反，萨特却认为空虚实际上是利好的，不仅不会妨碍我们，还会给我们带来无限可能。空虚不代表放弃，而是给了我们更多自由表达意愿的机会，包括我们想成为怎样的人、想拥有什么、想达到什么目的，比如想去看戏剧演出、想成为木匠、想给头发换个颜色等。同样，我们所说的"遁入空门"，是否意味着走向一个充满一切可能的未知世界呢？

从虚无中走出来的我们便成了思想和欲望的主体，虚无为我们的存在打开了突破口，打开了改变最初的自我，即自为存在的大门。

自为存在，就是将自在存在虚无化，它是改变人生的突破口。

——《存在与虚无》

世界是人类意识的反映

假设你明天要和一个朋友一起环游世界，他的目的是去感受不一样的人文世界，而你却只想借此机会暂时放下工作，好好休息一下。因此，这次旅行对他来说是一次学习，而对你来说则是逃避日常琐碎。你们的动机不同，那么你们眼中的世界会一样吗？想知道答案吗？很简单，只需要问问你们各自对世界的定义就可以了。有些人认为世界是一个星球，另一些人认为世界是上帝创造的，当然还有一些人认为是人类构成了世界。而实际上，的确是人类赋予了世界存在的意义。

人类意识与世界是同时存在的，物质的存在依赖人类意识去认知，因此，世界的存在也一样与人类意识息息相关。

——《处境种种》第一卷

通过思想与现实的关系，萨特告诉我们，是意识赋予世界生命。正是因为人类有意识，才出现了时空的概念，进而定义宇宙和世界万物。就这样，一个个个体意识组合在一起，就构成了世界。

而且，我们对世界的感知会随着自身的处境、兴趣和人生阶段的不同而改变。你曾经认为工作很重要，将自己的全部时间都放在工作上，可假使你生病了，此时就会觉得家人更重要。疾病改变了我们的关注点，改变了我们看待事物的角度。在这种情况下，夫妻间就不会再为牙膏盖有没有拧紧这样微不足道的小事而吵架了。同样，恋爱中的我们会觉得全身充满正能量，变得更宽容、更开朗，总是想把自己的幸福分享给所有人。可见，恋爱使我们对他人的感知发生了变化。更典型的例子就是，我们儿时很热衷的东西，现在却丝毫不感兴趣了。

总之，我们每个人对事物的感知都是不同的。同样是看天空，画家关注的是天空蓝色的细微变化，而教徒看到的却是天国的大门。每个人对现实世界的感知方式都不同，因而赋予它不同的价值，可谓"一人一世界"。

也就是说，人类对事物或事件的感知是很主观的：它反映出的不仅是人的意识，还有人的个性特征。事实上，人类就是一个复杂多变的生物体。我们的喜怒哀乐会因事而异、因时而移，我们对世界和自己的看法也一直处于变化中。

一无所有最快乐

意识产生，说明我们在关注世界、关注自我，在与"异"和"变"做斗争的过程中不断成长。不管是一天不同时刻的"我"，还是人生不同阶段的"我"，都是听从自己内心意志的产物，而"他人"只不过是过客而已。我们的身体、精神状态、情感，以及欲望都会发生改变。哪怕是在同一天，你正热情洋溢、欢心鼓舞着呢，突然听到一个坏消息就有可能马上变得垂头丧气、一蹶不振了。

那么，人类究竟是什么呢？人类是思维的主体，能够积极主动地认知世界，但是这种认知又让"我"与"自我"永远无法完全一致。因此，放空自己会让我们的过去和现在都丰富起来，让未来有更多选择的自由。

虚无就是出离自我，而自为存在就是站在他者的角度审视自己，并总是因为没能成为他人所"预判的存在"而感到不安。

——《存在与虚无》

这种"未被预判的存在"正是萨特所倡导的自由——人类不是物体，物体是它本身，不会改变。因此，自为存在让我们获得自由，让我们的人生拥有更多的可能性，也是我们拒绝将人类"本质"化的原因：没有哪个人的人生是像模型一样被事先设计好的，我们不能因为某个人的缺陷就将他边缘化。一味地逃避自我，就无法摆脱他人的成见，彻底获得自由，无法自由思考、自由选择。最初的我们，除了是一个有自由意识的个体之外，什么也不是。相信通过努力，我们能够找回最初的自己，因为"什么都不是"就意味着"我们什么都可以是"！人可以什么都不是，但他一定存在，意思就是摆脱了"他人"，除了"自我"，就再没有什么可以将"我"定性了。一句话，"存在先于本质"。

什么是存在先于本质呢？就是人类存在在先，然后再相互遇见，构成世界，接着用意识感知对方、定义对方。人类，就像存在主义描述的那样，如果不被定义，就什么也不是，那么他就可以按照自己的意愿自由发展了。

——《存在主义是一种人道主义》

关键问题

你有没有觉得，生活就像一场棋局，而你只是别人手中的一颗棋子？你有没有思考过人类的特性和尊严？人类特有的能力是什么？人类与物体、动物乃至自然界的区别在哪儿？你对自己的人生又有何感悟？

思考的同时也反思一番，这就是人类意识的二元性。那么，你觉得自己有这种二元性吗？它是如何表现出来的，对你又造成了怎样的影响？

当你对周围的人或事观察和思考的时候，你觉得自己是主动方还是被动方呢？你是让存在靠近意识，还是让意识靠近存在呢？这种思考是否反映了你的价值观、兴趣爱好和规划诉求呢？你感知到的世界的客体性体现在哪儿？

你是怎么理解"虚"与"空"的？是一无是处、了无生机，还是正相反，虚空才是走向无限可能的起点？你同意"什么都不是，才有可能什么都是"的说法吗？

处境并非必然

我们的悲观和逆来顺受都源于我们认为社会环境的限制是无法逾越的。然而，在萨特看来，人生来就是完全自由的，只是随着成长，经历不同的时代和不同的社会环境，自由就有了束缚和制约。例如，医生并非生来就是医生，他开始也只是一个懵懂的孩子，接受了学校的教育之后才萌生当医生的想法，然后选择学医……我们自身也会发生改变，会时而悲伤、时而喜悦，会因为搬家而结交新朋友。我们的处境永远都不是一成不变的。对此，萨特这样说：

我绝对是自由的并对我的处境负责，但同时我永远是在处境中才有自由。

——《存在与虚无》

萨特的话告诉我们，人总会遭遇一些事件，经历某种困难，并因此处于某种境况，再经过努力抗争克服这些困难，摆脱不利处境。正是这种抗争体现了人类的自由，因为动物是不会有处境的。处境不是某种必然，而是人类意向性选择的结果。正是由于这些处境（无论好坏）的存在，我们才能做出有意义的行动。认清我们永远是在处境中，才能自由选择、自由发展。而且，不能孤立地看待过去、现在和未来的处境，因为它们是互相联系、一脉相承的。

处境的多样性

我们的生活中充满各种各样的处境。有些是每天都发生、我们习以为常的，比如送孩子上学、乘同样的交通工具去上班、闲暇时间的消遣等等。而有些处境因为其不可预见性，是突如其来的，比如偶遇儿时的朋友、和某人发生争吵、在陌生的城市迷路等。

有些重要的处境在某种特定情况下会定义我们的人生：上大学，就业或失业，富有还是贫穷，社会地位的高低，单身还是已婚，斗志昂扬、大展宏图还是悲观失落、意志消沉。

每个处境虽然反映的是现在的状况，却是过去的积

057

累、延伸和发展，所以如果按先天决定论的逻辑，未来就无从改变了。

欲壑难填

我们当前的处境是由各种不同因素构成的（家庭状况、情感状况、职业状况、精神状况等）。就像上文提到的，我们有时也会感到空虚，有缺失感，这也是我们和物体不同的地方。我们会和自我分离，成为自我的旁观者，不只是现在，将来也一样。就像"我"永远无法和"自我"完全一致一样，我们永远也不会完全认同自己的处境。意识到内心的空虚常常会把我们推向虚无，因为缺失才会有想要获得的欲望，我们才会努力超越现在的处境，寻求想要的处境，成为自己想成为的人。

我们永远不是"自在"的存在，永远不会和自我完全统一，也无法完全成为自己设想的那个，不会如愿得到自己想要的人生：拥有持久圆满的幸福、面对任何考验时的冷静从容、完美且永恒的爱情、持久不变的和谐。总之，我们永远不会得到满足，欲望的火苗永远在心里燃烧。

欲望的产生是因为缺失的存在，每个人内心都有一个完美存在的设定，而现实与这个设定有一定的差距，所以人类总是想要跨越这个差距，欲望就会一直存在。

——《存在与虚无》

人心不足，蛇吞象

在萨特看来，所有欲望的产生都可以归结为一点：我们想要成为上帝。

人类的终极目标就是成为上帝，或者说人类最本质的诉求就是像上帝一样生活。

——《存在与虚无》

当某个人自认为是上帝的时候，我们通常会觉得他有些狂妄自大、自以为是，甚至还有点专横。而在存在主义哲学家、无神论者萨特看来，上帝并不是永远高高在上、遥不可及、掌控一切的，他只不过是人类理想人设的一个化身而已，是藏在每个人内心的终极欲望：一切都得到满足，没有任何遗憾，与自我完美融合、和谐统一。这只不过是存在于我们想象中的一个美梦。

可见，我们是在追逐一个永远都不能实现的梦想。因为在萨特看来，上帝根本不存在，我们就是独立生活在这个世界的自由人。我们有理想，尽管与现实有差距，但正是这种差距给了我们动力，消除差距就是我们的目标。例如，当你觉得公司里等级过于森严、规章制度太多而让你束手束脚，无法施展自己的能力的时候，就会产生辞职单干的想法。所以，缺失促使我们对未来有展望、有憧憬，使我们的人生有了前进的方向。

因此，就像虚无会给我们提供无限可能一样，我们的不满足，即拒绝接受现在的自己，让我们有了革新的想法，促使我们走出去，去结识不同的人、体验不同的经历，最终发现自我、革新自我、超越自我。可见，不满足并不取决于它本身，而是取决于我们如何看待并利用它。如果上面例子里的那个人继续在等级森严的公司里工作，他的不满足就会带来痛苦和沮丧；相反，当他真的辞职单干了，他的不满足就让他获得了自由。

过去成就了现在的我

如果现在的我希望未来的我是自由的，那么对过去的我又会持什么态度呢？过去的已经过去，不可逆转、无法改变，就好比17岁时我们滑雪摔断了腿，已成既定事实，无从改变。没有什么行为是可以作用于过去的，经历过的就是曾经，回不了头了。只是因为有了这种经历，我们现在滑雪的时候可能会比别人更小心一些；也有可能因为有了严重的心里阴影就再也不滑雪了。所以，过去会影响我们的现在。我们的性格特点、兴趣爱好都是过去经历的沉淀，最早可以追溯到童年时代。"是过去成就了现在的我"，萨特如是说。因为过去和现在是不可分割的，过去深深影响着现在，过去的我和现在的我是紧密联系的。

过去成就了现在的我，即我是现在的我，不是过去的我。但是我昨天做的事情，曾经的心情，对现在的我是有影响的：是伤害了我，还是恭维了我，我的态度是不满，还是任其去说、不加理会，所有这些都会深刻影响到现在的我。因此，我和我的过去是无法分割的。

——《存在与虚无》

对此，失忆现象就是一个很好的例子。假如有一天，你突然失去了记忆，生活没了方向，也就无法通过时间、地点和人物来定位自己、辨识自己了。失去了外围世界就等于失去了自我。因此，过去是人类确定发展方向的基准点。有了过去，我们才能根据自己特有的历史来筹划现在。

可以说，没了过去，我们什么也不是。

过去的影响无处不在，现在植根于过去。现在的我完全是由过去的我发展而来的。

——《存在与虚无》

过去并不是全部

应该清楚一点，我们不能完全活在过去，受过去的捆绑和束缚。而且，从严格意义上讲，我们也无法永远停留在过去。首先，现在的我已经不是过去的我了；其次，现在的我和过去的我之间总会有差距。总之，过去就在那儿，它切实存在，是我们人生的一部分，已深深扎根在我们的脑海和内心中了。

过去使"自为存在"变成了"自在存在"。比如，某件羞耻的事，我们在做这件事的时候，并不觉得它是羞耻的，而是回过头去看的时候，才觉得羞耻。但它已是既定事实，构成了我们的过去，具有了"自在存在"的固定性和持久性，成了自我的一部分。

——《存在与虚无》

　　尽管过去变成了"自在存在"，但是只有在它不妨碍我们自由的时候，才能成为自我的一部分。因为即便是"现在"的处境，对我们有用与否，也要取决于我们的意向，所以我们的意向决定我们选择什么样的过去。我们记住某件日常小事、某个大事件，抑或是某次相遇，完全是因为这些会帮助我们做出某个人生选择。因此，我们和过去的关系是很主观的，也就是说，对过去的理解是为现在或未来的意向服务的。这就是为什么一些奇闻异事会备受关注，因为我们认为它对未来有一定的预示作用，它的预兆性会更令人信服。经常有演员激动地回忆他们的童年是如何通过模仿、表演生活中的小场景，扮演一些人物来引起其他同学注意的。同样，技术工人会乐此不疲地讲述自己小的时候是多么喜欢拆装小汽车，却绝口不提花大把的时间学画画的事，那是因为画画与他现在以及未来的意向没有任何关系。

我们的自由不可侵犯

　　在日常生活中，我们总会时不时地评估一下自己过去或现在的生活状况：自己是否满意，是否令人羡慕？我们应该怎么做，是安于现状，还是积极寻求改变？我们有时会为此去征求朋友的意见："你觉得我是不是本该学理科的？""你认为我现在是时候要孩子吗？"对于所有这些问题，存在主义者的观点很明确：由于我是具有独立意志的个体，无论是过去的我、现在的我，还是未来的我，都是完全自由的，可以自主决定自己的一切。

诚然，我们在当前的某种处境中，会受到职业、感情生活、嗜好等的限制，但是除了我们自己以外，没有人能决定我们过怎样的生活。至于我们的处境是好是坏，是否需要改变，只有我们自己拥有发言权。当然，也存在一些不可逆的处境。比如病重和死亡，其结局是注定的，就像玻璃杯子掉在地上一定会碎一样，生老病死是自然规律，非人力所能逆转。而决定论者会用因果关系来解释这种不可逆：一切皆有因果，种下什么因，就会产生什么果。

还以上文那个想从公司辞职做独立工作者的人为例。假如他什么都不做，不积极去实现目标的话，那么他每天都会生活在愤怒、沮丧和不幸中。相反，如果他有了这个意向后，就开始着手做相关的准备工作。为实现这个目标而努力，他就会心情愉悦，前途一片光明。所以，我们对现在的感知会因为个人意向的不同而不同。过去和现在存在的意义都取决于其对未来意向实现所起的作用。

这样，在萨特看来，我们永远处于"计划"的进程中，每次做出的决定都是出于对未来的考虑。所以，没有人是可以被预判的，每个人都可以自由地选择自己的"处境"。我们的判断和作为（或者不作为），都是由未来意向决定的。我们之所以能够超越现在的自己，变得越来越优秀，正是因为想努力实现意向中的自己。我们就是自由的主体，也正在用行动证明这一点。因此，不要让宿命论和先天决定论束缚我们，不要向生活低头，一切皆有可能，希望就在前方。尽管自主选择就意味着需要自主承担责任，但是要想自由，就要积极面对，敢于承担。现在的生活有没有让我们失望？有没有觉得自己活得很委屈？那么，是时候行动起来了，让我们所有人，为争取自由而努力吧！

存在主义者说懦弱造就了懦夫，英勇成就了英雄。其实，懦夫也有可能不再懦弱，英雄也有不英勇的时候。重要的是，积极地投入，主动地争取，这不是某个人所特有的能力，每个人都可以做得到。

——《存在主义是一种人道主义》

自己创造自己的本质

裁纸刀不会因为自己能裁纸而觉得荣耀，狗和鹦鹉不会因为跑得快和会飞而觉得自己有什么了不起，因为这些都是它们的自然属性。出于本能，它们很快就能学会这些赖以生存的本事。而人类则不然，处于境遇中的我们，会因为英勇、果敢和大胆而自豪。我们出生的时候，什么都不是，却被人预设了未来。因此，只有将命运掌握在自己的手里，我们才会有更多的选择和更广阔的施展空间。所以，我们要做的就是自主创造自己的本质。因为随着时间的推移，本质往往会凌驾于存在之上，并将存在固定化，直至人的生命消失。其结果就是，本可以自由选择的人生，却交付给他人来评判和决定。

当然，我们对自由的选择总会有一些抵触，也总会有一些人拖后腿，误导我们，让我们觉得人的命运是注定的，一切想要改变命运、提升自我的想法都是徒劳的。确实，在这个失业频发的时代，我们为什么要冒着失去生活保障的风险辞掉工作呢？人生总会面临两种选择：是安于现状而一生平庸，还是在改变中寻求新鲜刺激。这就是为什么有时我们会自欺欺人，会抵挡不住诱惑而做了"懦夫"或"伪君子"。

关键问题

1. 思考一下：欲望导致你灰心丧气还是激发了你的斗志？假如知道欲望永远得不到满足，你是持悲观态度，还是仍然会不断尝试新的计划，努力进取、勇往直前呢？事实上，如果幸福就是欲望得到满足，再无所求，这种没了目标的生活真的是你想要的吗？

2. 现在和过去是否有联系？这种联系是可以忽略的，还是作为一种本质存在呢？如果没有了过去以及过去积累的知识和经验，你会怎样？还会知道自己是谁吗？

3. 过去对你来说是否就是一部编年史，当中记载了你的回忆和可供你自由选择及解释的事件。根据现在和未来的需要，对过去的解读只有一种还是有无数种可能性？最后，我们完全是过去的产物，还是对过去仍然有自由选择的可能？

4. 你认为自己的思想和行为都是受某种注定的因果关系支配的吗？你是否觉得自己就像所有自然现象一样，是某种规律或定律作用下的产物，无法改变，还是相反，你相信自己可以根据规划和向往的人生来

自欺者必自毙

谁又是萨特口中的"懦夫"和"伪君子"呢？为了回答这个问题，我们先聊聊二者的共同点——自欺。自欺就是以本质论为依据来否定自己的自由：为什么我们一定要执着于自由，还要因此承担相应的责任呢？批评和指责当然是能逃避就逃避的好！如果我们否定了自由，躲在决定论的背后，让童年经历和基因来决定我们的社会角色、塑造我们的性格、限定我们的行为，不需要做任何改变，那么一切就变得简单和容易了，也不需要为我们的行为负责任了。在萨特看来，与"懦夫"和"伪君子"做斗争的实质是在为争取人类的自由而战斗。

自我无法回避

人类需要诚信，因为我们每个人都有言不由衷的时候，明知道事实并非如此，仍然会因形势所迫说一些假话。例如，在打牌时被抓住作弊，我们会矢口否认；约会迟到，我们会以堵车等交通问题为借口……我们当然知道自己在撒谎，只是在利用他人的不知情来欺骗他们。你们是否也有过下面引文中那样的遭遇呢？

> 同性恋者最不能忍受别人说他们是罪恶的，而他们一生都难逃罪恶感的折磨。很明显，这就是一种自欺。事实上，他们常常在认清自己有同性恋倾向和因此犯下的种种错误的情况下，仍然坚持拒绝承认自己是一个同性恋者。
>
> ——《存在与虚无》

需要指出的是，这里所说的撒谎，并不是对其他人撒谎，而是对自己撒谎。萨特就是这样界定自欺的：自欺就是我们企图欺骗自己，而不是别人。在萨特看来，作为同性恋者的存在，就如同物体的存在，是一种"自在"的存在，也就是其行为举止都是因其同性恋的自然属性而产生的，却否定人类具有意识，可以自由选择，能够有意识地呈现某种形象以消除偏见的事实[让·日奈（Jean Genet）就是典型的例子]。然而，就是因为我们有意识、能思考，所以我们永远无法与自我完全统一。自为存在排斥自在存在，于是对立就产生了，继而出现了自欺。

举个例子，假设你本来答应去朋友家做客，在最后时刻却以生病为由没有赴约，而偏偏又在饭店被这个朋友撞见你在陪别的朋友吃饭，你该怎么跟这个朋友解释呢？这无疑会很尴尬，你只能临时编造一些理由，胡乱找些借口蒙混过去。我们就这样回避了说出真相的尴尬，也同时放弃了说真心话的自由。我们为什么就不能直接说"我就是不想去你家吃晚饭"呢？萨特认为，自欺反映出人类的本质问题就是，人类具有的自由意识导致我与自我的不统一性。

我们也常遇到这样的人，他在指责完你之后，又会理直气壮地说："我这人就这样，说话比较直接。"在说了"我这人就这样"的同时，他也陷入了本质主义的陷阱，因为他等于在说，他天生就拥有所谓的"直率"性格。所以，自认为真诚往往也是一种自欺。而且，怎样才算是真正的"直率"呢？标准很主观，就像要求为了利用你而对你做出判断的人要公正一样；就像异性恋者以道德的名义，质问同性恋者，强迫其忏悔一样。这些都是很难客观的。

当我们惊讶地说出"啊，他竟然是同性恋"的时候，就是对他人的冒犯，同时是在肯定自己，简单的一句话反映出我们堪忧的自由，我们的行为受到本质论的束缚，无法自由地做出选择。对，这就是批评者对他的指责对象所做的事，让指责对象将自己客体化，把自己的自由让给他者，他者再像君主对待臣民一样，把自由赐还给他。

——《存在与虚无》

如何摆脱自欺

首先告诫自己，要批评摒弃自欺的行为："把握住自己的自由，不要陷入本质主义的陷阱！"如果你拒绝承认自己是自由的，那么你就是在对自己说谎，就是在自欺。我们一定会停止自欺的，因为我们应该是自由的，这种自由不受任何本质的限制与约束。如果非得说人类有什么共同特征的话，那就是，我们都生活在不同条件制约下的某种处境里。

唯一不变的就是人类必然生活在这个世界上，在这里工作，与他人接触，直到在这里死去。

——《存在主义是一种人道主义》

我们的行为和自我定位都是以我们的处境为根据的，而这种定位往往与真实的自我不相符。我们没有自主选择好坏优劣的自由，我们的自由受到种族、阶级和性别等因素的限制。其实，在任何情况下，我们都可以自由地界定自己，也可以使用一些手段，但"我"与"自我"始终是无法统一的。萨特在他的作品《文字生涯》(*Les Mots*)中提到他小时候在祖父面前是一个典型的乖孩子，但这都是装出来的，并不是真正的他。同理，一个演员，无论他怎么全心投入角色，都不可能完全还原这个人物。

我的态度说明不了我，我的行为也证明不了我【……】一个为了注意听讲而注意听讲的学生，即使眼睛盯着老师，竖起耳朵倾听，由于太专注表现他的专心，而最终必定是什么也没听进去。

——《存在与虚无》

但是，在有些情况下，我们不得不自欺，通常是迫于社会制度、道德规范，以及他人的刻板印象对我们造成的压力。就像第一章中提到的咖啡厅服务生，如果不想被解雇，他就必须做好本职工作，按照模范服务生的标准要求自己。如果我们是工人，我们是否能单凭这个社会身份就界定自己呢？遵守行业规范，履行行业义务，甚至成为行业标兵，这种完全满足了别人的期待而树立起来的形象，是否就是真正的我呢？然而，我并不是生来就是工人，妇女也不是生来就应该受歧视的。西蒙·波伏瓦在她的《第二性》中有一句名言"女人不是天生的，而是后天形成的"。其内涵就是鼓励女人打破传统观念，积极行动起来，争取自我定义的自由，构建独立的自我。工人和女人都不是自在的存在，而是社会意识作用下形成的自为存在，而社会意识往往会给每个人都设置一个定位和职责，促使工人翻身、妇女解放。这正是存在主义者为之奋斗的目标。

人人都有懦弱的倾向

获得自由并不容易。我们有时甚至承担不起自由，因为自由常常伴随着一些我们不愿扛起的负担。比如一段恋爱关系，你本不想维持太长时间，可恋人跟你说她想要一个孩子，你就会以你们的感情还不够稳定为借口拒绝。生活中，我们想满足自我需求，又不想承担因此带来的责任和后果，所以常采取避重就轻的手段，结果往往不能如意。所以，我们有时候宁愿自己是物体，就不用思考、不用抉择，可以毫无顾忌、自由地解决问题了！决定是正确的还好，但如果错了，其责任又有谁愿意承担呢？我们是否敢于承认自己的懦弱和局限呢？能否轻易地说出"我不知道"或者"我做不到"，还是觉得找一些诸如命运、基因，或者教育体制问题这样的借口来回避责任更容易一些呢？用人的本质来解释犯下的错误是不是更方便实用？萨特认为，决定论就是"懦夫"们的保护伞，他们相信本质先于存在，不愿付出代价，追求安稳人生，因为他们从来没有勇气承担改变和创新所带来的责任。

一些人，以有神论或决定论为借口放弃自己的自由，我称他们为"懦夫"，另一些人想努力证明自己存在的必要性，但其存在本身却是一种意外，我称他们为"伪君子"。

——《存在主义是人道主义》

伪君子

萨特在他的作品《肮脏的手》（*Les Mains sales*）中，塑造了一个青年知识分子——雨果。他出身资产阶级家庭，却受到该阶层的迫害，因而投靠他党，却又受到他党成员的排挤，于是他这样呐喊：

不用保护我！谁让你们保护我的？你们很清楚根本不

需要为我做任何事情，我已经习惯了。刚刚，当我看见他们进来的时候，我认出了他们的笑。他们并不好看。你们可以相信我。他们是来向我讨债的，让我替我父亲、我祖父以及所有刚刚吃饱饭的家人还债。我告诉你们我认识他们：他们永远不会接受我；他们有十万之众，都带着这种笑容看着我。我反抗过，也屈服过，曾想尽一切办法让他们忘记我，我也曾经多次跟他们说"我爱他们，羡慕他们，欣赏他们"。什么也别为我做！什么也别为我做！我是一个富家子，一个知识青年，一个不靠双手工作的人。算了，他们爱怎么想就怎么想吧。他们有自己的道理，只是立场问题。

——《肮脏的手》

出于自身立场的考虑，这些他党成员自认为有权剥夺雨果加入他们的自由，理由是他出身资产阶级。如果说"懦夫"总是试图通过自欺来否定自己的处境的话，那么"伪君子"则自认为是被上帝选中的幸运儿。他们会故意做出一些与众不同的举动来彰显他们的地位、优势和对他人的绝对掌控。然而，他们自认为的价值和重要性是不值一提的，只不过是行使自由意志的一个反面教材。他们混淆了"自在"和"自为",体现的是一种本质主义,即将"物化"发挥到极致。伪君子将他人物化,让他人成为自己的牺牲品。

危险分子

假设为了便捷公司办公,作为秘书的你,倡议使用新的办公程序,而老板知道后的第一反应是:"我提醒你,你只不过是个秘书,没人让你发号施令,我才是老板。"这对你无疑是一种贬低和羞辱。萨特认为,伪君子就是这样以个人为中心,无视他人、贬低他人的。

他们试图用种族、头衔或者声誉来定位自己,想让自己显得无比重要。然而,实际上他并不重要,因为他们也只不过是所有人类存在中的一个个体罢了,他们企图用"真"和"善"来支撑自己的言论、行为乃至诽谤。所以,"伪君子"其实也一直在自欺,我们要警惕他们的破坏性。曾经的种族灭绝行为就是最好的证明。为了将自己的世界观强加给他人,他们竟使用如此野蛮残忍的手段。我们的生活中也不缺乏这样的例子。最近就经常有媒体报道,很多大公司的职员因无法忍受精神骚扰或性骚扰而自杀。

最后,再举一个电影《被侮辱与被迫害的人》(*La Putain Respectueuse*)中的例子。费雷德·克拉克(Fred Clarke)是美国南部某城市的显贵，认为所有黑人生来就是罪犯，他对持械威胁他的妓女这样说：

> 我父亲是议员，我会继承他的职位，因为我是家里唯一的男丁，家族唯一的继承人。我们家族参与了这个国家的缔造，历史记载着我们的功绩。在阿拉斯加、菲律宾和新墨西哥，都留有我们克拉克家族的足迹。你敢向整个美洲开枪吗？【……】你这种女人不能向我这样的人开枪。你是谁？你是干什么的？你见过的最大人物就是你的祖父吧？而我，我有权活着：因为还有人需要我，还有很多大事需要我去做。

——《被侮辱与被迫害的人》

所有伪君子都是强大的吗？

你是否思考过，"伪君子"就总是别人吗？我们自己是否真的无可指责，没有过偏见和歧视？我们是否对别人也有过一些不太光彩的想法？例如，在大学里或者工作中，我们是不是也总认为自己要比其他同学或同事懂得更多，自己更有本事呢？当有朋友跟你聊及他的问题和烦恼时，你是不是总会自认为以你的运气和才智，遇到同样的情况时，你会比他处理得更好、更明智？这是因为个体意志之间的关系总是冲突的，所以我们应该清醒地意识到，人人都有成为"伪君子"的时候。萨特为我们指出这一点的目的正是让我们尽量避免，谨慎防备。

个体意志之间的关系首先是相互征服的关系，哪怕最亲密、本该互爱互谅的恋人之间也是如此。电影里经常有这样的台词——"我是你的""你是我的"，有可能生活中我们也说过这样的话。所以，看到我们的爱人冲别人笑的时候，我们就会嫉妒，就会有一种被爱人背叛的感觉，认为我们的爱人就应该只对我们笑。

那么，我们恋爱是为了什么呢？"为什么你的爱人愿意被你爱？"我们的哲学家也在思考这个问题。如果我们对爱人说"你是我的"，这是不是就意味着我们想剥夺对方的自由呢？我们所向往的亲密无间、轰轰烈烈的爱情，难道就是为了又把自己投入决定论的牢笼吗？

恋人并不是无意识的物体，他不会心甘情愿地成为你情感的客体。因此，如果你想用你的爱对其进行精神控制，你就是在侮辱他。

——《存在与虚无》

于是，我们想以一种特殊的方式去占有对方，即通过婚姻。萨特认为，这是一种强迫的爱，是对爱的亵渎。而且，我们并不需要婚姻，因为婚姻就是一纸合约，双方要被迫履行上面的承诺和义务。没有人心甘情愿受奴役、受束缚，因为那样我们不会快乐。

有谁会这样说：我爱你是因为我承诺过爱你，是因为我不愿意违背我的诺言，也就是说，我爱你实际上是出于我对自己的忠诚。

——《存在与虚无》

然而，想想在我们刚开始恋爱的时候，爱人第一次表示愿意托付终身、为我们放弃自我的时候，我们是多么开心——这令我们感觉自己在他/她心中的位置是那么重要。无关乎性爱，也不是自恋，只要一想到在对方心中有不可替代的位置，我们就会欣喜若狂。能听到对方说"愿意为你付出一切，没有你就活不了"是一件多么令人兴奋的事情啊！所以，我们当然希望对方是属于我们的，但前提是他/她是自愿的；我们也希望他/她每天来找我们，每天和自己待在一起，但不是用协议或义务把彼此永远捆绑在一起。

彼此相爱，但不能以失去自由为代价。总之，在爱情方面，我们总是希望对方发自内心地说："我爱你，胜过爱自己。"

我们希望通过爱情来证明自己的自由，同时，这种自由只对自由本身负责，即我们对爱的疯狂和向往都是出于彼此的吸引。而且这种吸引可以随时终止，主动权掌握在我们自己手里。

——《存在与虚无》

需要警惕的是，这种控制欲很容易变成扭曲且令人无法忍受的大男子主义。男人很难放下自尊，即使在与恋人相处时也是一样。但是，以自我为中心与傲慢的、崇尚自我精神力量的犬儒主义只有一步之遥。在这种情况下，女人很容易沦为男人征服欲下的玩偶。那么，我们不禁要问：面对女性的各种诱惑，我们的哲学家萨特能否抵挡得住呢？他是否也会因此而不自觉地沦为"伪君子"呢？

不管怎样，伪君子都会保持冷静，爱惜名誉，尽可能地维持他努力树立起来的人设，尽力扮演人们指定给他的角色。这样时间久了，自我意识模糊了，会觉得那就是他本来的样子。但是，要提防堕落，提防人设崩塌，提防自取其辱、引人嘲笑！现在不是有很多男人成了妇女解放的牺牲品吗？男性的统治地位不是已经被撼动了吗？男权主义不是正在走向没落吗？"伪君子"们很快就会知道：他们已经跟不上时代了，失去自我的他们，会因为找不到自己的定位而陷入深深的痛苦之中。

综上可见，争取自由很艰难，利用决定论解决问题反而轻松得多。"懦夫"和"伪君子"让我们知道，无论是对自己，还是对他人，顺应改变是多么困难。然而，按照决定论的观点，认为一切都是注定的、谁也逃不出命运的安排，就是否定了存在本身，其结果就是：人人循规蹈矩，拒绝创新；因循守旧，拒绝出其不意。因此，存在需要自由，只有积极行动起来，争取自我选择的自由，才能体现自我的存在。

关键问题

1. 你是一个自欺的人吗？如果是的话，你会承认吗？你会承认自己的缺点，接受别人对你的指责，还是会选择逃避？你会虚心接受别人对你的批评吗？生活中，你是真诚多一些，还是自欺多一些？

2. 你会总找借口吗？这会让你觉得轻松还是懊恼自己的懦弱呢？这样做的危害是什么？它会让你失去什么？你敢直面自我吗？

3. 你是否利用自己的身份、地位优势欺压、凌辱过他人？这给你带来的是开心还是尴尬难堪？掌控他人就真的能把他人完全当作物品一样对待，还是仍然会顾及他人的自由和尊严呢？

4. 你认为自己生来就是带着任务和使命的吗？如果你来到这个世界并不是一个偶然，而是被预先决定的必然，那么究竟是谁决定的呢？

5. 你是怎么定义爱情的，是激情还是契约？它给你带来了什么？你认为恋爱会令人丧失自由，甚至感觉自己就此限制了另一方的自由吗？

第三章

行动之钥

为 自 由 而 战

走出幻想，积极生活

梦想总是美好的。我们可以想象自己身在别处，想象自己是另一个人……梦想某一天能从事自己喜欢的职业，梦想去蹦极，梦想终于加入某个救援组织，等等。总之，梦想中的我们无所不能！当然，有梦想、相信美好的未来没有什么不对，这也是我们的自由。只是这样，将现实又置于何地呢？一味地寄希望于未来和想象，现实就只能沦为虚无，甚至整个人生都会因此一事无成、碌碌无为。那么，这样的你又如何保证自己会有美好的未来呢？

当我们的周遭发生翻天覆地的变化时，我们仍在做梦、犹豫、观望。针对这种情况，萨特希望能用他的存在主义思想激励我们前行。他命令我们行动起来，不要为退缩找任何的理由和借口；就在现在，立刻、马上实施计划，落实方案。因为生命中只有一件事是毋庸置疑的，那就是：死亡在人生的尽头等着我们。真到了那时，做什么都于事无补了。

在想象中逃避

马遇到障碍就会立刻停止奔跑，人也一样。一旦我们需要做某件事情或某个决定时，就会停下脚步、踌躇不前。不管你是否相信，每个人都有侥幸心理，希望天上掉馅儿饼，心里想着"啊，再等等，万一有转机呢，说不定问题就自动解决了呢"，以此逃避困难。假如15岁时，有人让你去收拾房间，你拖了好几天也没收拾，我们只能说你懒惰；但如果你说"再等等，如果运气好的话，房间有可能自己就变整洁了呢"，你就真的太有想象力、太可笑了。

几年后，老板提拔你，派你到国外工作，这是你一直梦寐以求的。但不巧的是，你知道自己的配偶会极力反对，因为他/她经常说自己绝对不可能离开法国，去别的地方生活。因此，你决定不马上把这个消息告诉自己的配偶，而这一次的拖延就不是因为懒惰了，你的脑袋里会同时闪过好多念头。你左思右想，权衡利弊，寻找能说服他/她的理由，设想如果遭到拒绝，你该怎么做；如果配偶同意了，你又该怎么做，是不是也不能表现得太开心呢。你就这样一直犹豫不决，一想到要告知配偶这个消息，你就焦虑不安，因为你害怕承担后果：要么牺牲梦想，要么和配偶分开。

萨特认为，实际上，让我们畏缩不前、不敢创新的主要原因之一就是焦虑。而我们在面对未知和不确定的时候，就会产生焦虑。我们时常会担忧，会坐立不安，这是因为我们是自由选择的主体，要为我们的选择承担所有的责任。回到上文的例子，如果你拒绝接受老板的提拔，这是你自己的选择，不管产生什么样的后果，都不能怨恨你的配偶；如果有一天，你因此觉得痛苦，那也要独自承担这份痛苦，因为你是自己行为的唯一责任人。

这就是我们常常会怯懦、常常会拖延的原因。你认为只要自己还没有跟配偶摊牌，一切就还有希望，所以先让自己做一会儿美梦吧！逃避、拖延可以让我们消除眼前的危机，让我们处在一种等待的状态，寄希望于幻想，幻想有奇迹发生，以此缓解眼前的焦虑。换言之，我们是在用幻想欺骗自己，欺骗那个不敢积极面对现实的自己。

当然，我们经常说，有希望，活着才有意义。但是，如果我们永远只是怀揣希望，不做决定，那么终有一天我们会意识到自己的错误，会痛苦、会后悔，因为最终我们会发现自己既低估了自己，也低估了别人。可是时光已经一去不复返，再也无法回头了。到头来，这种错过时机的后果是不是还得由我们自己来承担呢？

　　我们当然也可以利用自欺的手段为自己找一些借口，但是我们早晚会明白，用幻想逃避现实的做法就是懦弱的表现。扪心自问：我们真的希望自己是懦弱的吗？

　　我们能够理解为什么有些人讨厌我们的理论，因为他们只有一种解决问题的方法，那就是空想："我过去的状况是很糟糕，但是未来一定会好起来的；是的，我没有过轰轰烈烈的爱情，也没有过伟大的友谊，但这只是因为我还没有遇到一个能配得上我的人【……】我有很多自认为非常可行的计划、安排和可能性，却并不去实施，因为我认为这些计划实在是太有价值了，以至于简单普通的行动都不足以将之实现。"然而，事实上，存在主义者认为，有爱才会有爱情，没有经历过爱情就不懂什么是爱。一个积极生活的人，会彰显自己的存在，而除了存在，他什么也不是。当然，这样说对生活不成功的人似乎有些残忍。但是从另一角度来讲，它会让人明白，现实世界是最重要的，停留在梦想、期待和希望中，结果只能是梦想破灭、希望落空、白等一场；也就是说，这些只会带给我们消极影响，而没有积极影响。

——《存在主义是一种人道主义》

丧钟长鸣

那么，我们该如何走出消极的影响呢？答案很简单，只需要想想死亡。如果说我们每个人生来都是自由的，那么我们每个人也注定都是要离世的。因此，我们应该让丧钟像警钟一样时刻在耳边响起，不时地想想死亡，这样对我们大有裨益。它可以让我们从麻木中惊醒，明白存在的意义。只要活着，就一切皆有可能，活着就是我们最大的筹码。因为死亡告诉我们，一旦生命完结，我们就没有行动的机会了，什么都改变不了了。

在《隔离审讯》中，我们看到，加尔圣、伊奈斯和艾斯黛尔死后，通过另外两个人对自己的谩骂和攻击，认识到自己的错误和内心的丑恶。就这样，他人的评判成了最终判决，并因此唤醒了自身的意识，让自己的内心无处遁形。说这是最终判决，是因为他们确实已经死了，无法改变生前的任何事情。如果生前的错误无法改正，那么遗憾也无法弥补。面对另两个人的指控，加尔圣知道，即使为自己辩解也无济于事，因为他就是懦夫，他的一生证明了这一点。

我们总是死得不是时候，不是太早就是太晚。然而生命已完结：肉体的消失，告诉我们是时候停下来，认清本我了。

——《隔离审讯》

死亡把存在变成了本质：加尔圣永远是懦夫，就像桌子永远是桌子一样。死亡也让别人的评价成功地在我们身上留下了永久的烙印。事实上，我们一旦死亡，别人就可以对我们为所欲为了。萨特在《隔离审讯》一书中无情地描述了死亡的悲惨，同时也歌颂了生命。当然，谁都难逃一死，我们提及它，并不是想吓唬大家、打击大家，正相反，是想更好地激励大家有效利用活着的时光，积极进取，不要总是活在过去、活在想象中。

在生命的尽头，死亡到来的那一刻，我的一切都完结了，过去成了我唯一的存在方式。这就是索福克勒斯（Sophocle）在他的作品《特拉喀斯少女》（Trachiniennes）中想要表达的思想，里面的主人公德伊阿妮拉（Déjanire）这样说："世上有这样一个流传已久的格言，人的一生幸与不幸，唯有盖棺时方可定论。"这与马尔罗（Malraux）的名言"死亡将生命变成了命运"有着异曲同工之效。死亡让一切完结，让一切都成为过去，"自为存在"从而变成了永久的"自在存在"。

——《存在与虚无》

在缅怀中成长

那么，这是不是说我们就得每天都想着死亡，才能激励自己奋进呢？放心，萨特并不是这个意思。他认为，人类对死亡是恐惧的，所以人类很难，甚至不可能主动想到死亡。这也正是萨特想努力化解的一个悖论。首先，对死亡的等待是盲目的。没有人知道它究竟什么时候到来、怎样到来，等待死亡不像等一个人或一件事，是看得见、摸得着，有迹可循的。就像约会，即使对方迟到了、爽约了，你也会知道大概原因；而死期，大概只有死刑犯才知道它会在什么时候到来，或者只有得了重病的患者，才能从医生那里得知死亡可能会在几个月、几个星期或者几天之后降临。除此之外，没有人能预知自己的死期，也没有人会期待这样的事件发生。可见，死亡很抽象，且终将成为身后事，所以我们很难掌控它。

主动选择的死亡（自杀、殉情、英勇就义）还能让我们有个心理准备，但被动的死亡，即不定什么时候就让我们从这个世界上消失，这种猝不及防让人很难接受，因为它会让我们的很多人生计划就此付诸东流。因此，死亡根本不在我们的掌控之内，完全超出了我们的能力范围。

——《存在与虚无》

死亡可以让一切归零，那么人生道路上还有比这更难跨过的坎儿吗？应该没有了。一切努力顷刻化为乌有，太令人难过了。其实，我们一直活在筹谋中。我们之所以存在，是因为我们一直有计划、有打算，在因势利导、筹谋更好的未来。但是，一旦死亡来临，我们就不可能再有什么计划了，因为死亡令我们丧失了所有能力。因此，哪怕是自杀，也只有在未遂或者是死得有意义的情况下，才算是个例外。

但是，有一种死亡，是我们可以提及和想起的，那就是别人的死亡。当失去某个亲人或朋友的时候，我们经常会扪心自问有没有对不起他或辜负他的地方。因为他参与了我们的人生，对我们的影响十分深刻，所以他的死往往会引起我们的反思：我达到他的期待值了吗？我是否尽力做到了让他以我为荣呢？而这种自我反省是大有用处的，可以让自己不再懒散，不再投机取巧走捷径，而是积极主动地争取自身的自由。

　　《苍蝇》(Les Mouches) 是萨特根据古希腊神话改编的戏剧，故事以阿尔戈斯 (Argos) 国王阿特里得斯 (Atrides) 家族的世仇为背景，以俄瑞斯忒斯 (Oreste) 隐姓埋名回到故国阿尔戈斯复仇为开端。因为阿尔戈斯的两位统治者埃癸斯托斯 (Egisthe) 和克吕泰涅斯特拉 (Clytemnestre)——俄瑞斯忒斯的母亲和继父，杀死了俄瑞斯忒斯的父亲阿伽门农，那里的臣民受到愧疚的折磨，深感罪孽深重。然后，俄瑞斯忒斯在苍蝇满城飞、景象可怖的阿尔戈斯城遇到了他的姐姐厄勒克特拉 (Electre)，并向她道出了自己的真实身份。最后，在姐姐的帮助下，他杀死了埃癸斯托斯和克吕泰涅斯特拉。在完成了他的复仇计划之后，俄瑞斯忒斯毫无遗憾地离开了阿尔戈斯，因为即使是能够驱使众苍蝇、掌管死亡的众神之主朱庇特 (Jupiter)，对懂得自由选择生活之路的人也是无能为力的，只能任由俄瑞斯忒斯引着穷追不舍的苍蝇离开了阿尔戈斯，使那里的臣民得以解脱。

　　在这个故事里，俄瑞斯忒斯难道不是因为心里一直装着他的父亲才坚持战斗到最后的吗？该作品创作于"二战"期间，萨特想借此表明，无作为、麻木不仁是导致内疚和悔恨的罪魁祸首。如果念念不忘是一种救赎的话，那么忘记和冷漠所伴随的往往是消极、忘恩负义和卑鄙无耻。

存在主义：一种行动的哲学

存在主义显然不是一种简单的哲学，它是包含大智慧的人生指南。它反对只着眼于眼前利益的得过且过，拒绝任何形式的拖延和逃避。它教导我们要尽自己所能努力实现理想，积极行动起来，让一切都朝前发展。

> 人生只能靠自己来创造。这就是存在主义的要旨。
>
> ——《存在主义是一种人道主义》

我们要敢于面对困难，接受现实，尽力解决困难，而不是在幻想中向往虚假的幸福。萨特的思想因此被认为有蛊惑人心之嫌，因为它戳中了放弃自由的懦夫们的痛处。但是，它让我们直面自身的软弱和恐惧，是为了更好地激励我们去克服这些弱点，而绝不是为了凌辱我们。

《存在与虚无》一经出版，萨特就遭到多方批评，尤其是来自基督教徒的指责。因为在他们看来，否定上帝就是道德沦丧，就是无法无天，其中也有来自马克思主义者的批评。他们认为，存在主义否定了人类意识和个体存在，容易导致人类陷入绝望，最后沦为寂静主义[1]，也就是陷入消极状态而非积极状态。可见，萨特的思想遭遇了多么强烈的反对。为了回应这些反对的声音，萨特又写了《存在主义是一种人道主义》一书。

> 寂静主义是一种心灵态度：他人能我所不能。这与我们所倡导的思想是截然相反的，我们提倡的是：存在先于本质，一切靠行动实现。
>
> ——《存在主义是一种人道主义》

然而，如果我们想一生都处于沉思和冥想的状态，也不是不可以，因为这种看似无作为的行为是我们发自内心、自由选择的，所以也是一种有作为。

绝处逢生

"他人能我所不能"，应该如何理解这句话？它是在说我们的行动就是为了博取别人的轻视，就是为了证明我们

1　寂静主义是一种神秘的灵修神学，指信徒在灵修中，享受与神交通的神秘经验，而这种经验乃是神主动赐下的，并非来自个人修为。——译者注

的无能吗？这不是在怀疑自己的能力，甚至否定自我；抑或认为自己的行为不值一提、毫无用处，而完全寄希望于他人吗？这个世界有我没我都一样，那还有什么行动的必要呢？这无疑是那些感觉无力与潮流抗衡、无力改变大环境的人所持的态度。按照这种说法，既然大自然受到污染是不可逆转的事实，那么我们为什么还要对垃圾进行分类呢？在这个资本占统治地位的全球化时代，我们这种普通公民介入其中还有什么意义呢？有那么多的事情要做，有那么多的权益要捍卫，我们反而觉得自己的行动是没有用的，这难道不荒谬吗？！

　　如果我们认为自己的行动是没有用的，却又对生活抱有希望、持乐观态度，那么我们就会寄希望于别人，希望别人的行动能帮到我们。我们尤其会参考一些成功的历史事件，套用当时的策略，效仿事件里的人物，夸大他们的美德和善良。总之，就是相信一些理论和思想，而不是自己的逻辑判断。如此一来，计划的实现依赖的是别人而不是自己。就好比我们总是祈求上帝保佑好运降临，而上帝是不存在的，行动的方向错了，又怎么能成功呢？不要受决定论的影响，只要我们是自由的，就一切皆有可能。我们无法确信明天会更好，但也不能因此放弃行动的自由，安于现状的理想主义只是固步自封。我们要尽自己所能，靠自己的努力来实现人生目标，而不是寄希望于他人。这也正是萨特所说的"绝望"的含义。

　　这里所说的"绝望"，其含义很简单，就是根据自己的意愿，靠自己的力量，利用现有的有利条件来促成我们行动的成功。正常情况下，我们不会凭空订立某个目标，而往往是根据现有的某些条件来订立。比如期待某个朋友的到来，他可以坐火车或有轨电车来，只要火车不晚点，电车不脱轨，我们的期待就不会落空。只是这些条件必须是我们力所能及的，我们才能指望它，一旦超出了我们的能力范围，就得放手了。因为你不是上帝，没法让地球围着你一个人转，何况上帝根本不存在。所以，笛卡儿所说的"想战胜他人之前先要战胜自己"，表达的也是同样的意思：要实干，不要抱有不切实际的幻想。也就是说，首先我们要积极行动起来，其次行动要遵循原则，即"脚踏实地，不空想、不妄想"。

——《存在与虚无》

　　不行动的人什么也不是。任何一次行动都是有价值、有意义的。在一个计划的实施过程中，正是一次次行动才促成了最终目标的实现，所以每一次的行动都有着重要的作用。我们要抛弃那些不切实际的幻想，不做堂吉诃德一样的人，尽一切所能获取自由来体现自身价值。

哲学—行动

1. 强化训练：你可以选择一天，尝试想做什么就立刻行动。想吃羊角面包了？那就出去买！有电话要打，有碗要洗？那就去打电话，去洗碗！也不用太着急，慢慢去做就好。我们的目的是让自己积极起来，不再只想不做。

2. 在纸上写下一个月内要完成的三个计划，可以按先易后难的顺序排列。比如，把去电影院看电影排在第一，把不太好完成的任务放在最后，可以是工作上的任务，也可以是生活中的待办事项，如将内心的不满坦然告诉朋友。无论结果如何（电影可能不好看，朋友可能因此不再理你了），你至少实现了自己的既定目标。

3. 你是否有一直藏在心里不敢实施的计划（如换专业、旅行、分手或决斗）？试着分阶段、一步步地去实施，那样会更容易成功。这样，无论你的计划实施得多么艰难、费力，你都是自己人生的掌控者，你的人生也会因此变得更加精彩。

认清自我，超越自我

行动就意味着要面对现实，面对自我——一个需要改变的自我。当然，我们也不会天真地认为有了行动的决心就不会遇到变故和阻碍了，但阻碍并不是无法克服的困难；相反，阻碍可以激发我们的创造力和想象力。而变故可以给我们提供自由选择的空间，使我们依靠自己的能力来自由改造世界，让我们得到想要的未来。为了扫清障碍，我们就会萌生计划，然后努力地实施，从而产生萨特所说的"改变"，即另一种生活方式，而这也正是萨特在"二战"期间真实的生活写照。

习惯的力量

可见，我们首先得有行动的意愿，再根据意愿确定目标，并朝着这个目标努力。这样，人生才有方向，生命才有意义。但是，也许我们会完全满足于现状，也许我们觉得一切都是最好的安排。当然，我们可以喜欢现在的生活，享受习惯带来的舒适和安全感。我们可以每天乘同一条线路公交车去上班，可以每个周末带全家人去同一片树林游玩，只是每天这样周而复始地做同样的事，就是自己放弃了改变的自由。而不管怎样，我们都应该是自由的。

萨特的作品《恶心》(La Nausée) 中塑造的主人公洛根丁 (Roquentin) 看到当地居民都过着周而复始、千篇一律、毫无生机的枯燥生活时说道：

> 工作了一天之后，他们走出办公室，满脸自得地看着房屋和街心广场，他们认为这是他们的城市——一座"美丽的资产阶级城市"。他们不害怕，感觉就像在自己家里一样【……】他们很平静，稍带一丝忧郁；他们在期待明天，也就是另一个今天。其实居民们每天过的都是同一天，因为天天都是一个样儿。
>
> ——《恶心》

萨特用这几行字描述了生活中典型的机械行为——生活运转了，但是没有改变；自身的意向就这样在重复的机械行为中慢慢被模糊掉了。那么，我们是否能说每天这样重复同样的事情也是在行动呢？始终重复同一件事情还需要行动吗？打个比方：假设我们习惯于每周四与同一个表兄弟在同一家饭店的同一张餐桌吃午饭，整个过程我们都轻车熟路，不需要计划，也不是某个愿望的达成。正如之前所说，意识到缺失使我们产生欲望，欲望导致行动。而这种既不需要计划，也不包含欲望的午饭，又怎么能称得上是行动呢？因此，萨特认为，严格意义上讲，行动产生的前提是有缺失感，就是为了实现设想中更美好的未来而觉得现在缺少点什么。这就需要我们有绝对的自由，改变事物、促进事物发展。

行动，就是改变世界，就是利用一些方法来达成目的。这个过程需要精准的设计和缜密的安排，是一系列环节合理衔接、共同作用的复杂过程。只有每个环节都完成了，才能实现整体的改进，实现预期的目标。

——《存在与虚无》

行动起来，尽管不能掌控一切

一旦决定行动，我们就总是希望一切顺利，畅通无阻。然而事与愿违的是，我们总会碰到一些沟沟坎坎、一些沮丧失落。于是，我们会愤怒，甚至向生活低头，因为我们有被生活欺骗的感觉，开始怀疑自己的自由，怀疑自己的能力。而我们却无力改变这一点——不会因为我们决定要出门旅行，罢工就自动取消了，龙卷风就不刮了，总会出现这样和那样我们不得不屈服顺从的情况。所以，我们无法掌控一切。

这是因为自由分两种，就是萨特所说的"选择"的自由和"得到"的自由。"选择"的自由是绝对的自由，但不能保证一定可以得到一切！例如，我们可以选择去吸引某人，但那个人是可以拒绝被吸引的。这是因为，我们行动的对象是独立的个体，有它自己的运行法则，不受我们意志的支配。这是不可预测的，所以就不可避免地构成了我们前进路上的艰难险阻，甚至导致我们行动的失败。

但是，话又说回来，如果没有这些不确定性，那么还要自由干什么呢？如果我们用行动、用改变世界和改变自我的能力来彰显自己的自由，就必然要有行动对象，要有验证能力的挑战。事实上，所谓"选择"，就是面对多种可能性做出的最终决定。如果不确定性不存在了，也就没有多种可能性了。计划实施后，只有一种可能性，就是目标达成，那还要什么选择、什么自由啊！

　　如果有了计划就能实现，理想与现实完全一致，现实世界与我们理想的世界没有任何差别，世界会按照我们的意志改变，我再也不用把我的构想放进括号里了，因为它一定会实现，不需要证实它的可行性了。至此，一经制订就意味着实现，中间不需要想怎么选择，也不需要做选择。我希望的选择、我可能的选择和我最终的选择之间的区别已经消失了，自由也就没有存在的必要了。

——《存在与虚无》

　　什么都可以改变，但我们是自由的这一点不会变，所以好好享受眼前的一切吧，包括那些变故和阻碍，因为正是它们的存在才证明了我们是自由的！另外，我们要谨记，阻碍永远不是阻碍本身，它是什么，取决于我们的目标和动机。

　　如果我们下定决心，不惜任何代价都要爬到山顶的话，悬崖峭壁也不足为惧；但是，如果我们自己给自己的爬山高度定一个限制的话，遇到悬崖自然会退缩，那它自然就成了我们前进道路上的阻碍了。现实世界就是这样通过设置不同难度的阻碍，让我学会了各种改造它的方法，以至于我自己都分不清，它这样到底是在帮我还是在帮它自己。

——《存在与虚无》

因此，任何事与物都有它存在的意义和价值，这主要取决于我们的想法。例如，假如你在街角偶遇老朋友，正赶上你有急事要办，这就不是什么好事，因为你有可能因此耽误了办事；但是如果赶上你刚好有空，正愁不知道如何打发时间呢，那么这就是一次美好的偶遇。所以，事物本身并没有难易、好坏之分，主要取决于我们的主观意愿。是的，一切都是相对的。

我们经常分不清在行动中起主导作用的是事物本身，还是作为行动主体的我们。当我们面临某个挑战时，比如考试，我们永远无法知道成功的原因到底是什么，这个问题没有标准答案。因为我们总是不能确定是考题简单呢，还是我们足够努力、准备充分呢。

化挑战为机遇

还记得上文提到的某人要被派往国外工作的例子吗？他很想去，因为这一直是他的梦想，但因为他知道自己的妻子会反对，所以不敢把这个消息告诉妻子。妻子的反对无疑成了他实现理想的阻碍。但是试想，如果他能成功找到说服妻子的理由，是不是就皆大欢喜了呢？可见，用我们的智慧和雄辩才能排除阻碍，达到目的。这不仅会得到开心的结局，也会带来极大的成就感！

因此，不要轻易向困难低头，不要轻言放弃。蒙田(Montaigne)在他的著作《随笔集》(Essais)第二卷第15章中说过："困难赋予了事物价值。"他还说，"欲望的产生，就是因为我们看不上轻易得到的东西，更愿意追逐那些有难度甚至得不到的东西"。唾手可得的东西会激起我们获取它的欲望吗？换句话说，躺赢算赢吗？阻碍存在的意义就在于它让我们经受考验，从而挖掘潜力，充分发挥我们的才能，包括智慧、想象力和创造力，我们因此也会对自己和未来更有信心。

想要提升自己，想让自己变得更完美，就要勇敢地面对阻碍，不要逃避困难。任何人的自我提升都要付出代价，但我们不能过于执着。比如，你坚持想尽所有办法去吸引那个你认为会成为自己妻子的女人，被拒绝五次后，你仍然坚持不懈，就毫无意义了。当执着变成了固执，再大的决心也是没用的，甚至是荒谬的。但是，一条路如果被堵住了，不代表没有别的路可走，我们不能一条路走到黑。我们真正要做的是吸取失败的教训：感情上的失败可以让我们积累恋爱经验，知道自己的不足，不再那么自我，愿意去倾听别人的意见。倘若事业不顺利，丢掉了工作，尽管当时会很难受，但是会让我们有一个新的起点，拥有重拾理想抱负的勇气，从而开辟一片新天地。

因此，失败并不一定就是失败，它为我们提供了一个调整目标的机会。一种人生不行，还有一千种人生等着我们去体验。失败犹如跳了闸的开关，给了我们重启的机会。

是时候改变了

需要提醒大家注意的是，有些事是我们无法自由选择的。比如，我们的出生地、我们的祖国，以及我们生活的时代。我们也无法改变过去，因为一切已成定局。所以，我们只能在某种"处境"中发挥自由，在这种"处境"提供的各种可能性中自由选择，以实现预期目标，即改变自我、改变世界。

通常来说，我们对逆境的态度是能忍就忍，直到忍无可忍。比如，我们一般不会在某一天突然就受不了自己的工作，而是在日积月累、长期忍耐煎熬后拍案而起。"冰冻三尺，非一日之寒。"开始觉得难的时候，我们会克制自己，尽量想办法去改变。但是时间久了，我们会发现自己什么也没改变，且情况会越来越糟，直到我们再也找不到解决问题的办法，从而陷入瓶颈期。我们当然可以离职，但是说来轻巧，做起来并没有那么容易，尤其是现在的经济形势不好，我们难免会担心失业，害怕遭受周围人的诘问："你为什么要辞职？现在失业了吧！"这种焦虑，让我们不得不继续懦弱、自欺下去。然后，终于有一天到了水滴石穿的时刻，我们意识到不能再围于困境，需要做出改变了，于是我们决定砸碎身上的枷锁以获得自由。我们迫不及待地要行动，因为我们已经意识到自己的懦弱，意识到改变势在必行。我们希望未来自己能勇敢起来，于是决定改变，真正地活一回。

想想纪德笔下的菲罗克泰特（Philoctete），他一度放弃了一切，包括他的恨、他的人生计划、他活着的理由，甚至他的生命；再想想决定自首的拉斯柯尔尼科[1]（Raskolnikov）。这些不同寻常且伟大的举动，就是在破旧立新，就是在证明不破不

1　陀思妥耶夫斯基所著的《罪与罚》的主人公。——原注

立。那一刻，有羞辱和焦虑，也有喜悦和希望。所以，有时候放手是为了获取，获取是为了放手。不管怎样，这充分体现了我们神圣不可侵犯的自由。

——《存在与虚无》

在萨特看来，这里的转变更像是转型，或者是部分转型。就像破茧成蝶一样，抛弃过去的自己，为了自己的志趣和理想，大胆向前、努力进取，以变成自己想要成为的样子。转变（来自拉丁语"conversio"，意思是改变方向），在这里就是按照自己的意愿改变生活，敢于开辟新天地。另外，需要再次强调的是，失败永远是重新启程的动力，为重新开始提供可能性。突然的开悟往往会有意想不到的收获。为了换工作，为了去别处生活，抑或为了敢于跟自己喜欢的人表白所做的努力，这些都会令我们在人生道路上大步向前。

我们的哲学家萨特，从决定转变到转型成功就发生在"二战"期间，于是公众的视野里出现了一位无论在哲学界还是文学界都备受推崇的伟大人物。

"二战"确实是我人生的一个分水岭。它开始的时候，我34岁，结束的时候，我40岁，正是一个人从青年步入中年的阶段。同时，战争也让我认清了自己和这个世界。例如，战争让我知道，有一种屈服叫作战俘；有一种人际关系叫作敌我关系，此处所说的敌人是真正的敌人，与公司里仅限于语言攻击的竞争对手不同，真正的敌人可以拘捕你，是让士兵拿着枪对准你，把你送进监狱的人。同时我也认识到什么是压迫、什么是屠杀，但是社会秩序、社会民主仍一丝尚存，只是同样受到了压制和毁坏，所以，我们要做的就是努力保住这尚存的火种，以待战后能让它重新燃烧起来。就是这样，我从战前的个人主义者变成了战后的社会主义者。这显然是我人生的一次重大转折。

——《境况种种（十）》

战争让萨特找到了人生方向——为恢复社会秩序和政治民主而战斗。我们每个人都应该像萨特一样，抓住转变和革新的机会，充分利用自己的自由，努力创新、开拓进取。我们就应该是自由的，因为只有遵从内心，才能找到真实的自己，才能找到正确的人生方向，才能随时随地绽放光彩。

哲学—行动

1. 试着改变你的某些习惯，令其向好的方向发展。比如，换换穿衣风格，周末晚上换一家餐厅吃饭，或者换一片树林散步。然后你会发现，一个小小的改变会带动多少其他的改变，从而让自己坚定改变的决心，确信改变的力量。

2. 下次再遇到阻碍的时候，你应该好好想一想，必要的时候可以征求一下朋友的意见，以便弄清楚状况，尽量找出其中的有利因素和可吸取的教训。

3. 有空的时候听听自己内心的声音，不要着急赶路，偶尔停下来思考一下人生。一周一次也好，一个月一次也可以，这样才能走得更远。当机会降临的时候，你才不会慌张，才会有足够的心理准备去迎接挑战。

不忘初心，快乐生活

打破了决定论的束缚，我们认识到自己才是人生的主宰，所以我们要行动、要改变。我们可以先从某些方面入手，直至彻底改变。尽管行动不一定成功，也不是所有的选择都是正确的，但是我们选择的自由是永远存在、不容侵犯的，哪怕是在最困难的情况下也是如此。不管有什么样的社会压力，也不管他人怎么看，我们永远都是自由的，永远可以随心所欲地按照自己的意愿做出选择。但这并不是说我们都要成为英雄，存在主义不是冒险主义。萨特的宗旨是希望我们与自己和谐统一，快乐生活。因为自欺带来的往往只是痛苦，而不忘初心、还原真实的自我才是自我满足的根本所在。

从心出发

假如你是一位国家级优秀运动员，但被某次事故夺去了双腿，从此以后你只能借助轮椅出行，你的世界因此坍塌。你曾经为锻炼身体、训练技能付出的汗水和精力都化为乌有，你的职业生涯就此断送，奥运会的大门再也不会向你敞开。周围人都向不幸的你投来同情的目光，因为他们也认为你的未来一片黑暗。路上行人的眼神仿佛也都在告诉你，你是一个失败者。

你当然可以否认这个事实，也可以不去理会医生的诊断，坚持认为自己有一天可以重新站起来走路。你可以认为只要愿望足够强烈，意志足够坚定，就可以改变医生的判断，甚至可以按照原计划去参加奥运会，摘得金牌。如此不面对现实，就是在自欺，就是在对自己说谎，就是在回避真实的自己。

可见，我们的自由总会受到"处境"的限制。"处境"包含我们的过去、现在以及别人的看法等因素，我们会根据这些因素制订人生规划。因此，定义我们的并不是"坐轮椅"这一事实本身，而是"坐轮椅"会改变我们的人生规划。从这个意义来讲，这显然不是一个好的"处境"。但是，在萨特看来，并不会因为你的"处境"改变了、你不能走路了，你施展才能的空间就一定会随之变小。此时，你要做的就是做回自己，在任何"处境"下都时刻提醒自己是自由的。

做回自己，即本真性，就是要遵从自己的内心，清楚知道自身的实际"处境"，无论最后带来的是光荣还是耻辱，是自豪还是悔恨，都要勇于承担。

——《关于犹太人问题的思考》

保持本真性，是我们面对自我采取的唯一正确的态度。做真实的自己，从内心出发，才能接受人类存在的悖论："我永远是我所不是的人，我永远不是我所是的人。"也就是说，我们是自由的，即使他人将我们定义为残疾人，我们也可以不认同这个定位，因为我们有这个自由。

他人怎么看待我们并不重要，重要的是我们怎么看待他人对我们的看待。

——《圣热内，喜剧演员和殉道者》

"不能走路"只是一种"处境"，和其他"处境"没有什么不同，这并不会妨碍我们成为自己想成为的人，没有什么可以妨碍我们制订人生规划，实现人生梦想——做一个越来越强大的人，成就完美人生。萨特强调这一点是希望我们也能像他一样，做一个现实主义者，不断地发现自我，做真实的自己，勇敢地行动起来，不要因为发生了什么始料不及的事情而畏首畏尾、停滞不前。

活出自我

要做到与自己和谐统一，并不是一件一蹴而就、一劳永逸的事情，我们需要积极行动、不断努力，才能做到不再自欺欺人，忠诚于自己的内心。

事故发生之前，你人生的意义是通过努力和超越自我以完成一次次的人生飞跃，并让自己因此感到自豪。那么，你现在坐轮椅了，这些意义就都改变了吗？当然，你是不能跑、不能跳了，以前的许多事情现在也做不了了。但是，超越自我和努力的意义没有变，你可以找到很多例子来证明这一点。你可以重新找一个适合自己目前情况的运动项目，如残奥会滑雪项目。这时，你和你的"自我"就是统一的，因为你所追求的人生意义没有变。但是，如果你认为自己的人生意义只能靠双腿来实现，这肯定不是你内心真正的想法……虽然奥运会的大门对你关闭了，但是残奥会的大门向你打开了。所以，不要轻易否定自己、贬低自己，这是我们获得幸福，实现人生目标的基本保障。

我们当然也可以考虑换一个职业，我们的价值不会局限在某一个领域。每个人只要能把自己的事情越做越好，不管从事什么职业，哪怕没有职业，也说明他有上进心，在付出努力。

当然，这也得分时代。在有的时代，按照自己的想法去生活真的不那么容易，甚至是有风险的。比如，南非的种族隔离时代，如果我们是那个时代的黑人，除了接受白人的压迫以外别无选择，但是我们仍然有不可剥夺的自由，即自由选择是不是一定要迎合别人对我们的成见。我们可以选择反抗、起义，抑或宁死不屈。要么委屈自己迎合他人，要么通过言论、行动来抵制他人强加给我们的成见，最终打破它。关键是什么呢？是主动选择的自由带给我们的满足感，勇敢面对与他人冲突带给我们的自豪感。因为这证明我们不再迎合他人，而且在自主决定应该成为什么样的人，哪怕我们会为此付出代价，为此遭受痛苦和羞辱。还记得罗莎·帕克斯 (Rosa Parks) 的反抗行为吗？她坚决拒绝像那个时代的其他黑人一样坐在公共汽车的最后排。如果社会和他人强加给我们一些偏见、不公正的待遇或歧视，我们就要知道，命运掌握在自己的手里，只有我们自己才能够支配我们的行为，因为我们是自由的。

事实上，种族优劣、残疾与否、外形美丑，主要取决于我们怎么选择，是为此感到自卑还是骄傲。换句话说，它们是好是坏，都是我们自由选择的结果。这再一次证明了，有些东西对别人来说是劣势，对你不一定是，除非你认为它是。【……】犹太人最开始并不会像后来那样因为自己是犹太人而产生耻辱感；但是作为犹太人，是骄傲还是耻辱，抑或是无所谓，揭示了他们的存在，这种存在并非其他，而是其自由选择的结果。

——《存在与虚无》

实现自我价值

活出自我，就是能够自由地表达自己的意愿。我们必须大胆迈出这一步，勇敢地甩掉别人强贴给我们的那些标签。事实上，如果我们一味地违背自己的初衷，又如何获得满足感和自豪感呢？因此，我们必须在条件允许的范围内尽自己所能实现自我价值，发挥自我价值。

如果选择真爱能让我们了无生趣的生活变得激情四射，那么我们有什么理由不去选择呢？即便违背社会道德伦理，那又如何呢？当然，也有人这样想：我们为什么不能为了丈夫而牺牲真爱，把这段感情埋藏在心里呢？第一种情况发生在司汤达的小说《帕尔马修道院》(*La Chartreuse de Parme*) 中的桑塞弗兰娜 (Sanseverina) 身上；第二种情况发生在乔治·艾略特的小说《弗洛斯河上的磨坊》(*Du moulin de Floss*) 中的主人公麦琪·塔利弗 (Maggie Tulliver) 身上。这是萨特在《存在主义是一种人道主义》一书中引用的两个例子。这两种看似截然相反的生活态度，实则殊途同归。两个女人的做法都是发自内心、按照自己的意愿做出的选择，不违背她们的原则。她们没有畏缩，也不需要任何借口。

从道德层面来讲，这两种做法是截然相反的。然而，我却认为它们是等同的：因为两个故事里的两个女人的目的是一样的，那就是追求自由。再举两个类似的例子：一个女孩迫于某种外界压力，向命运低头，放弃了爱情；另一个女孩，为了能和更多的人发生性关系，而否认真爱的存在。这两种行为从表面上来看与前面提到的例子很像，但实际上完全不同。桑塞弗兰娜的态度与麦琪的更接近，即听从内心、向往自由。

——《存在与虚无》

活出自我，就是发现自我价值，利用必要的行动，将自我价值发挥得恰到好处。并且，学会享受自由选择、自我满足的快乐，在我与自我的和谐统一中实现理想，用实际行动征服他人，赢得他人的认可，甚至是欣赏。

享受"冒险"的快乐

每个人都应该尝试一下"冒险"，以找回失去的自由，而不是默默忍受所谓的"命运安排"。在"冒险"中，我们不需要任何自欺，可以按照自己的自由意志选择，从而获得新生。本真性来源于我们对自身"处境"的清晰认识，来源于我们的自由和我们为之奋斗的理想。也就是对自我的洞察力，再加上坚定的意志，以及为实现自我意志、完成自我意志而采取的行动。具体来讲，就是按照自己的意愿自由选择，以完成预期的根本性改变。本真性永远和变化联系在一起，哪怕这种变化有时候是与自身意志相违背的。因为我们时常会为了顺从或者讨好、吸引他人而做出违心的改变。无须过多举例自我认可的快乐、自由选择获得的成功（妻子、情人，令人陶醉的高光时刻），也无须像战利品一样被陈列出来。冒险的快乐并不是以冒险家的身份来炫耀自己丰富的人生经历，那样就太肤浅了。《恶心》里的洛根丁对此是这样说的：

　　我没有过"冒险"经历。在我身上发生过一些故事，有过大的起落，也有过小的波折，可以说，所有该发生的都发生过，唯独没有发生过"冒险"。这不能只停留在口头上了；我开始明白了：其实我一直有致力要得到的东西，而我自己却浑然不知。那不是爱情，不是上帝的护佑，不是荣耀，也不是财富……而是我的生活需要一些珍稀时刻。这并不是说要出现什么特殊事件，而是想要一点刺激。

——《恶心》

　　当你认识到自己是自由的、正视自己内心的时候，你就会有"冒险"的想法。这是一种感觉，一种发自内心最纯粹的感觉。"冒险"可以让我们忘记一切世俗杂念，更关注这个世界本身。它是我们和世界的关系发生改变的产物，使我们对人类和事物的偶然性或特殊性有更敏锐的洞察力。它是重拾自我，每个人都可以做到。面对周遭的一切，实际上我们可以随时按下暂停键，让自己享受当下的时光。真正的"冒险"就是这样，在你重新感知这个世界、陶醉其中的时候，就轻松地找回了失去的纯真。"冒险"可以还我们自由，让我们的意识不再受过去和未来的束缚，身边的事物也不再有那些世俗功利的标签了。它可以让我们重建现实世界，跟着自己的感觉走，按照自己的想法积极生活。它是对变化着的、意料以外的崭新事物的关注。因此，哪怕是最普通的经历，也会收获意外惊喜。这就是《恶心》的主人公传递给我们的关于"冒险"的感触。

　　有些东西开始就是为了结束：冒险就是这样，它不需要永久，有终点才是它存在的意义。我朝着这个只属于我一个人的终点走去，义无反顾。因为这个过程的每一分每一秒都属于选择它的那个人。所以这分分秒秒都值得珍惜，因为它对我来说是独一无二、不可替代的，而且我不会采取任何行动去阻止终点的来临。比如我在柏林、在伦敦，和一个女人邂逅两次，我们很快坠入爱河，尽管只有两三天的热恋时光；尽管我很清楚，分别时刻终将到来，因为之后我要去另一个国家，我们不会再相见，但我仍然尽情享受在她怀抱的最后一分钟。我珍惜和她在一起的每一秒，尽量让每一秒都过得有价值；因为没有什么是我们可以抓住、留在身边的，包括她眼里瞬间划过的温柔、马路上传来的嘈杂声、拂晓晨曦里的那一缕微光。因此，最后一分钟就这样过去了，我也不想抓住它，因为既然抓不住，就任其流逝吧！

——《存在与虚无》

　　当我们认同一切都不是必然的，偶然性才是人类存在的正确的打开方式时，"冒险"的想法就油然而生了。因此，"冒险"是自我存在的客观需求，需要我们用具体行动将其实现。所以，世界是荒谬的，存在无意义，需要我们和他人共同行动以赋予它意义。

关键问题

1. 试着写下同事或家人对你的负面评价，再对其进行认真分析、总结，这样做可以帮助你抓住接下来的机会。不要害怕挑战，你要清楚，自己的任何举动都无法定义你是什么样的人，而只能表明你要成为什么样的人。

2. 在接下来的日子里，有什么想法就一步步地去实现。根据自己的意愿，尝试不一样的生活方式，让自己在各方面都有所改变、有所提升，完成自我超越。比如，个人魅力的提升、独立工作能力的提高，或是选择新的运动项目或艺术休闲活动等。有了决定就去实施，不要害怕承担责任，听从内心，做出体现你的个性、真正属于自己的选择。

3. 下次当你感到忧郁烦闷的时候，就放下一切去"冒险"！坐在咖啡厅露台上，静静地看着周围的人和风景，任思绪自由驰骋、任时间流逝、任人事变幻，然后你就会发现，在日常的繁杂和琐碎中还有"冒险"这片别有洞天之地。

第四章

无神论视角下

人　类　存　在　的　意　义

被抛弃又如何？

人生是荒谬的。人类的存在像一道无法解开的谜题，没有任何现成的道德标准可以指点我们该怎么做。我们被抛弃在这个世界上，独自面对各种变幻莫测、难以把握的人生处境。我们该因此悲观沮丧、自暴自弃、不分是非善恶吗？又或是恰恰相反，我们应该和萨特一起乐观面对人生，同他人一起为争取自由而努力奋斗呢？

宗教与臆想

我们可以依靠某些信仰、某些所谓的真理来界定我们存在的意义。假如信仰基督教，那么我们会认为这个世界和我们的人生都是无休止的，因为人死后，灵魂还在。如此一来，只要我们有坚定的信仰，就能在完整且极具说服力的教义中找到玄妙的道德依据，回答人生中的重大问题：如何面对他人？如何区分善与恶？面对痛苦和困难时是否仍要抱有希望？

宗教的某些道德规范和标准确实可以让人摆脱空虚、无意义等负面情绪，让人不再觉得世界是荒谬的。因为宗教信仰会告诉我们：存在是由本质决定的，"走自己的路"，但不能越界，即本质为你规定好的界限。想要永生，就要以此为代价。人类存在因此有了合理的解释，也有了可以遵循的规范以及对未来的期待。因为所有痛苦的经历都是通向圆满结局的考验，只是为了让人类体验人世间的酸甜苦辣而已。有宗教信仰的人会认为，人类的本源是同一的，"本是同根生，相煎何太急"，所以人与人之间最根本的关系应该是像兄弟姐妹一样互爱互助。总之，宗教拒绝放弃和悲观，与萨特的思想正相反。基督教徒就曾指责萨特的思想会令人类走向悲观和绝望。

另一方面，他们又批判我们夸大人类的丑恶，只注意到人类的利欲熏心、虚伪和讨人嫌，而忽略了人类真善美的一面以及人性的闪光点。例如，在天主教评论家默西尔（Mercier）小姐看来，我们忽视了孩子们的笑容。

——《存在主义是一种人道主义》

无神论与偶然性

对于宗教和上帝，萨特的态度很明确：上帝不存在，宗教完全是人们臆想出来的。当然，宗教刚开始出现时也饱受质疑，经历几个世纪的发展、锤炼之后才有了今天人们的认可和笃信。在主张无神论的存在主义出现之前——很早的时候，凡是与宗教有关的观念都会遭致人们强烈的反对和批评。其中一个很好的证明，正是比萨特早出生大半个世纪的尼采对宗教的猛烈抨击。尼采认为"上帝已死"，人类应该欣然接受这一说法！因为这位德国思想家认为，在见证了虚无主义[1]没落的同时，新的非宗教信仰应该取代旧的宗教信仰。

"如果上帝不存在，我们又为什么来到这个世界？我们是自由的，却犹如被'抛'在这个世界上。"另一位德国哲学家海德格尔如是说。萨特借用了他这个"被抛"的说法。我们被"抛"在这个世界，没有先验的、普遍适用且绝对的道德标准可以参考，那么我们应该如何分辨真与假、善与恶呢？没有了上帝来规定这些，就只能靠我们自己来规定了。

然而，作为被"抛"者，我们又凭什么规定存在的意义和价值呢？所以，就只能承认世界是荒谬的了。既然我们的存在是如此偶然和荒谬，我们又怎么能不觉得被抛弃，不感到孤独呢？如果生命无意义，存在无价值，一切都不

---

[1] 虚无主义是一种观念，它认为世界和人类的存在都是无意义、无目的、不真实且无价值的。——原注

是必然的，那么又何必存在呢？因此，《恶心》的主人公才会觉得周围的一切无不是多余的。这种世界和存在的虚无感让他觉得很迷茫，也让一切都蒙上了一层神秘色彩。

　　既然存在纯属偶然，我认为人生也就没什么意义了。存在，就是生存在地球上，仅此而已；人类出现在地球上，能相互遇见，却永远无法相互了解。我相信有些人是明白这一点的，只是他们想努力绕过这种偶然性，于是就捏造出"人类存在是某种先天预定，是一种必然"的说法，可是，任何必然性都无法解释存在。偶然性不是假象，也不是表象，因此无法消除，它是一种绝对且荒谬的存在。一切的出现（花园、城市和我们自己）都毫无缘由，甚至是荒诞的。当我们某一天突然明白了这一点，就会感到反胃、眩晕，就像那天晚上在铁路工人俱乐部的约会一样——令人恶心。

——《恶心》

每个人都应该有自己的道德标准

　　如果一切都是荒谬的，存在也毫无原则、秩序和内在规律，那么那些用来规范我们思维和生存方式的道德标准就完全是人类自编自导的玩意儿了。人类就这样用了几个世纪的时间自创了这些被视为可以规范人类和人类社会行为的准则、标杆和尺度。同时，为了这些规范和标准能够被接受和执行，还事先为它们找好了后台支撑（比如上帝）。然而，既然它们都是人为规定的，就必然会随着时代的发展和地域的更换而改变，人类历史也恰恰是这么发展演变的。没有什么是绝对的，一切都是相对的。公正还是偏私，美还是丑，判断标准都是约定俗成的，因此是会改变的。今天的希腊人和伯里克利（Périclès）时代的希腊人，对善恶的判断标准还会是一样的吗？今天的希腊公民是不会排斥妇女参与民主政治的，而在伯里克利时代，妇女是不被允许参政的。

我们必须无条件遵守别人制定的规则吗？我们必须这么宽容大度吗？难道杀人就一定是不对的，就一定是绝对不能做的事情吗？时代不同，人们受到的文化教育不同，对于这些问题给出的答案也不尽相同。也就是说，道德规范是在教育体制和社会风俗习惯的共同作用下产生的。它并不是不可触碰的金科玉律，远非如此。特别是对那些知道后退一步，并且接受了至高立法者缺席的一切后果的人来说，尤其如此。所以，在萨特看来，即使你被灌输了"一切都是注定的"这样的思想，也要坚信道德规范不是预先存在的，每个人都可以有自己的道德标准，即由自己决定应该做什么，以及自身存在的意义。

存在主义认为，上帝的不存在反而会造成某种窘况，因为，上帝的消失，让我们既没有了明确的道德标准可依托，也没有现成的"善"的标准可参考了，因为我们人类的意识还很有限，没有完美到可以设置这个标准。由于这个世界上就只有人类了，就没有谁可以规定：必须要善良，必须要诚实，不能撒谎。陀思妥耶夫斯基曾经这样说："如果上帝不存在了，那就一切皆有可能了。"这正是存在主义的出发点。因为"上帝不存在，一切皆有可能"的结果就是，人类被遗弃，因为人类因此无论在自己身上还是在其他地方都找不到依靠了。

——《存在主义是一种人道主义》

孤独且乐观

我们孤独地生存在这个世界上，一切都无意义……存在主义哲学思想难道如此悲观吗？就是这么乐此不疲地否定人类吗？难道一种思想产生的目的就是让人类去面对道德沦丧、秩序混乱的荒谬世界吗？如果真的是这样，那么这一思想只会落得不被承认的结局。然而事实上，如果上帝不存在，如果存在先于本质，就意味着我们只能用行动来证明自己的存在。这也就进一步证明了自由是第一位的，决定论的观点不可取。我们只能在一定的处境中，按照自己的自由意志构建自我。而且，一切皆有回旋的余地，每个人都有改过自新的机会，不要因为某个缺陷或错误就给自己判下无期徒刑。在这样的情况下，乐观面对比什么都重要！

在这种情况下，实际应该指责的不是我们的悲观，而是我们不愿意乐观起来。

——《存在与虚无》

可见，存在主义者并不悲观，但是必须承认，他们很苛刻。另外，他们不找借口，倡导勇于承担自由和行动带来的所有责任。所以，我们应该时刻认清这个世界是荒谬的，明白道德标准应该由我们自己制定。如果说我们是"被抛弃者"，那是因为我们无法严格执行宗教或哲学家制定的统一的道德规范，理论与实践、完美的规范与实际执行之间总是存在一些差距。

制定自己的道德规范，兼顾他人

在《存在主义是一种人道主义》一书中，萨特指出了那些具有代表性的、已成条文的道德准则的局限。比如《十诫》，他以战争期间来向他咨询意见的某学生为例。这个学生和母亲生活在一起，因为父母离异了，父亲通敌，哥哥是法军战士，死在了德军的枪口下，他不知道接下来该怎么办：是参加抵抗运动为哥哥报仇，还是陪在母亲身边保护她？基督教提倡"爱自己的同类"——那么此时，这位年轻的学生究竟应该爱哪个同类，母亲还是哥哥？功利主义的行为标准是要求行动利益最大化，那么萨特的这个学生采取什么行动对其更有利：是加入这场由政治斗争催化的、结果未知的战斗，还是出于私人原因保护母亲，得到明确的结果？

按照一些权威宗教哲学思想中"尊重他人"的道德标准，这个学生是不能厚此薄彼的。他人只能是帮助爱护的对象，不可以被当成利用对象。那么，面对这样的情况，他到底应该怎么做呢？如果他选择保护母亲，就是在利用战场上的战士，利用他们的勇敢和生命来获取母亲的平安；

如果他选择上战场和其他战士并肩作战，那他又抛弃了他的母亲。他该如何走出这个左右为难的困境？这种情况下，既想解决问题，又想做到心安理得，简直是不可能的。但萨特给他的回答却很明确：

> 你是自由的，做出你自己的选择吧，也就是按自己的想法去做。没有任何道德规范是普遍适用的，所以不可能对你的每一次具体选择都有指导作用。
>
> ——《存在主义是一种人道主义》

我们在任何时候都要有自己的道德标准，以便指导我们的具体选择。对于萨特的那个学生来讲，这种具体选择就是为了哥哥放弃妈妈，还是为了妈妈放弃哥哥。对于我们来说，则可能是放弃爱情以免遭受感情的折磨，还是一爱到底、决不退缩。只是我们很难预测结果，也就是很难判断哪种选择是正确的。我们也很难时刻记得把自由放在第一位，而这一点对自己和他人都至关重要。因为没了自由，在各种教条式的道德观的束缚下，我们就无法真正做到惩治那些不道德的野蛮行为。事实上，并非一切都是被允许的。跟着萨特的脚步，人道主义非但没有消失，

相反，已成为人类共同的事业！因为在萨特关于道德的论说中，至关重要的一点就是"为他人"（关于这一点，详见本章最后一节）

如果取缔了最权威的上帝，总得有个人来制定道德规范吧，因为我们做事总是要遵循一定的规则和标准。而由某个人来制定道德规范这一行为本身，正说明了人生本无意义这一事实。因为人类刚出生的时候，什么都不是，本身是没有意义的，是人类用自己的自由意志和行动赋予了生命意义，而道德就是你所选择的生命意义。并且正是由于这些道德规范的存在，才有了建立人类社会的可能性。

——《存在与虚无》

"被抛弃"在这个世界上，我们可以自己制定道德规范，可以自由地生活，不再受那些不切实际的信条和法规的束缚。但是，自由就意味着要承担责任。所以，在面对重大选择的时候，我们就会陷入焦虑状态。焦虑是一种感觉，就是我们下面马上要谈及的，它进一步证明了人类自由的获得取决于自我的同时也会涉及他人。

关键问题

1. 你是否需要借助某个宗教、某种信仰或某种哲学体系来界定自己存在的意义？你能否接受自己在这个世界上的出现像谜一样无法解开？面对复杂多变的人生，你能否做到排除万难、乐观生活？

2. 被"抛弃"在这个荒谬的世界上，你是否感到恐惧？一切都是偶然的，一切都无意义，这是否会让你像洛根丁一样感到"恶心"呢？你又为什么会恶心难受呢？为什么这一想法可以让我们脱离本质、获得自由，通过行动来创造自我呢？那么，你是否愿意用行动来证明自己存在的意义呢？

3. 你是否认同世界上不存在普遍适用的道德规范呢？如果你认同每个人都可以制定区分善恶的标准，那么会有什么样的后果呢？

4. 回想一下那些你遇到过的道德难题或难应付的局面，想想那些左右为难的时刻，比如亲人和朋友同时遇到困难，应该对哪一位施以援手？道德标准会在哪些方面帮到你，是用已有的道德规范解决问题，还是不得不自己制定规范？创立自己的道德标准对你来说是又加了一道枷锁，还是你欣然接受的一种获得自由的方式？

焦虑的颂歌

"感谢焦虑"，乍一听未免让人吃惊，因为多数人都害怕、拒绝焦虑，也免不了抱怨。所以，我们现在有必要从属性和作用两方面入手，重新解读一下"焦虑"。首先，焦虑不可避免，因为从本质上讲，它就是我们人类固有的一种情绪、一种心理状态，抛不开、甩不掉，也不是有信仰或有手段就能克服的。所以，是人就不可能不焦虑。作为孤独的"被抛弃者"，加之世界的偶然性，人类无法不感到不安和焦虑。但是，我们是自由的，就要承担起这份责任。不同的人在不同的人生阶段，会有不同程度的焦虑，但是不管怎样，只要我们想按照自己的意愿生活，不认命、不屈服，活出自己的价值，就必然要付出忍受"焦虑"的代价。任何人在采取重大行动前、在面对艰难抉择时都必然焦虑。比如，我是否应该为了接受新的工作而牺牲陪伴家人的时间？而我们的生活就是一个个选择按照一定的方式叠加而成的，因此每个选择在推动人生进程时都起着重要的作用。

不再害怕了吗?

"每两个年轻人中就有一个会担忧他的未来""失业是法国人最大的焦虑""工作恐惧症"……定期调查统计显示,焦虑一直都是人类最常见的情绪,且会给人造成很多困扰。通常来说,我们谈论更多的是紧张和焦躁不安,且诱发原因有很多,比如工作原因、身体原因、经济原因,以及生活中的各种烦恼,比如夫妻之间、子女之间关系紧张等。这样的例子不胜枚举,但以上这些已足以说明紧张、焦虑会有各种不同的表现形式,且感到焦虑的人正与日俱增。

事实上,紧张本身是一种正常的反应,在面对某些重要时刻或重大事件时都应该有,甚至必不可少。因为它可以更有效地调动我们的积极性,让我们的才能得到最大限度的发挥。比如,某天晚上我们在王子公园附近和众多球迷一起观看法国国家德比 (PSG-OM) 的时候,我们虽因激烈的比赛而情绪紧张,但精神也更集中,反应更灵敏。但是,当紧张变成常态,影响到我们的正常生活的时候,就该出现问题了。每天都担心意外会出现,时常焦虑恐慌,这很容易让我们情绪失控,甚至崩溃。我们会因此变得敏感脆弱,什么都不敢做,甚至连门都不敢出,对未来充满恐惧和忧虑。这时，要想恢复正常，就得先克服紧张和焦虑。在这样一个幸福至上的社会里，焦虑是大问题，是心理疾病的征兆，我们应该不惜一切代价予以消除。于是，各种消除焦虑的方法应运而生，从精神分析疗法、心理认知疗法、各种镇静药物的使用，到瑜伽、植物芳香疗法等各种精神放松方法的应用，这些确实成功地满足了各领域人士对此日益增加的需求。生活中很少有人不受焦虑的困扰，有些人的困扰是暂时的，有些人的是长期的，也很少有人不想摆脱它，因为每个人都想正常、快乐地生活。

焦虑依旧

实际生活中，我们每个人都或多或少地有些焦虑，只是因为每个人的性格或所处的人生阶段不同而有所差别。但无论症状轻重，焦虑总不是什么好事，甚至是必须清除的毒素，因为它代表着担心和不安，因为焦虑会令人情绪不稳定、行为混乱，进而影响工作、学习和生活。因此，我们渴望远离焦虑，重拾安静祥和、不受打扰、积极向上的理想人生。

我们这样是不是就走上了一条不归路？我们真的能让焦虑完全消失吗？这可能吗？直面焦虑是不是就意味着直

面自我、直面人类固有的一种精神状态呢？因为既然生命本身无意义，那么生活就是要面对荒谬，我们自然会有不适感、内心压抑感和生存的焦虑感。我们试图通过娱乐消遣来驱赶这些焦虑情绪，而结果却适得其反。按照帕斯卡的观点，在这种为逃避烦恼、不幸和荒谬的消遣娱乐之后，人们的紧张和焦虑感会更甚。正所谓"举杯消愁愁更愁，抽刀断水水更流"。既然人生充斥着偶然和荒谬，我们为什么还要做这种画蛇添足的事情呢？只是当局者迷吗？我们该如何走出这个迷局呢？

实际上，就是未来的不确定性造成了我们的焦虑，使我们掉进了这样的迷局。不确定性意味着未来一切都有可能发生，甚至是毁灭性的灾难！因此，我们常说好景不长、乐极生悲，不管什么时候，我们心里都暗伏着危机感。可是，如果未来是完全安排好的，像板上钉钉一样不会改变，我们明知道要发生什么却改变不了，岂不是更可怕？当然，这样可以让我们对一切做到心中有数，做起事来可能就简单得多。我们可以掌握各种现象间的必然联系、出现的先后顺序，以及产生的必然结果，从而做出正确的选择、得到好的结果。但未来不可能是确定的，死亡会随时降临，给我们致命一击，或是把爱人从我们身边夺走。也就是说，我们总会受到不确定性和对死亡恐惧的折磨。

为了缓解、平复焦虑，每个时代的文人雅士都在试图通过著书立说、打造信仰等手段来解释人类存在的神秘性，但最终的结论都是上帝或某种看不见的神秘力量创造了人类。此外，他们还创立了各种宗教仪式来祛灾避难，祈求上天保佑安康顺意。而他们所做的一切都是为了给那些不合理的现象找一个合理的解释，并希望上帝或神灵能赐予他们预测未来的能力。对此，实验科学（物理学、天文学等）的研究者也以他们的方式做出了努力，但得出的结论大同小异，因为人类存在的本质就是不确定和荒谬的。所以，经历了几个世纪的科学发展、技术进步，直至今日，依旧如初。人类仍旧非常渴望消除焦虑，哪怕是利用一些极其荒谬的手段。我们可以看到，星相学和占卜师从未像今天这样大受欢迎，甚至科技进步也在助阵这些迷信行为，例如如今发个信息就能知道未来的爱情运势或金钱运势！所有这些都证明了一点：焦虑依然存在，它与我们"被抛弃"的身份绑定在一起。

因为，确切地说，是焦虑导致了"自为存在"，也就是说，人类从根本上来讲，既不是自己，也不是他者，更不是构成这个世界的"自在存在",但是它会受到"存在本质"的限制,包括自身的本质和其他世界万物的本质。

——《存在与虚无》

自由、责任与焦虑

前面的引文中提到,萨特认为"人类受到存在本质的限制"。确实,但这是有前提的,前提就是我们事先赋予事物或人类意义,即我们的喜好、欲望、选择,以及最终的结果都不取决于我们自己,而是命中注定、先天决定的。这样一来,我们就没必要焦虑了:既然一切都是注定的,还焦虑什么呢?

我们这样想就是放弃了自由意志,就是承认自己的行动是毫无用处的,一切都被一种超能力所控制,所以我们就没必要忍受焦虑的折磨了。以上帝的视角来看待我们的人生,我们还用负什么责任吗?一切都交由上帝决定,我们只需要顺势服从就好了,也不需要纠结如何选择了。

举个典型的例子吧!"二战"期间,阿道夫·艾希曼(Adolf Eichmann)按照希特勒的命令,执行"最终解决方案",以极其残忍的手段执行了种族灭绝任务。他正是在极尽所能地盲目服务于一个政权,服务于当权者。他完全按照上级制订的灭绝计划屠杀犹太人，因此他自认为不是真正的刽子手，不负有任何责任（这也是他后来接受审判时的自我辩护，但是结果证明此辩护无效，因为他最后还是被判处了死刑）。而现代社会，又是另一番景象：政界要员们严格按照政策规定、经济指标的要求做事，而不大关注他们应该解决的人类生存的实际问题，比如居住条件、失业问题。他们的世界里只有指令、额度和要遵守的条例制度。总之，"懦夫"和"伪君子"总是在逃避焦虑，实际上他们是在逃避自由和责任。而自由和责任是永远不能忘记的。艾希曼和政界要员们都很清楚，如果他们做出了自主的决定，可能事态就会朝着另一个方向发展，那么由此引发的责任就得由他们自己来承担。因此，为了逃避责任，他们宁愿否认自己有这种自主决定的自由。对此，萨特这样说：

我们的这些做法真的能抑制和消除焦虑吗？事实是，我们越努力想消除焦虑，就越说明焦虑依然存在。而我们的所谓办法也只不过是在掩盖它的存在而已【……】我逃避是为了掩饰，但是我只能掩饰住我的逃避，因为逃避焦虑恰恰说明我们意识到了焦虑的存在。

——《存在与虚无》

自寻烦恼

可见，焦虑永远存在，它是人类特有的情绪，代表了人类的自由和责任，即我们可以按自己的意愿自由选择。但选择是有一定限制的，因为我们要为选择带来的后果负责。因此，每个人都应该选择"自为存在"，选择"存在的虚无"；否则，只要想到我们是什么、将要做什么，我们就会感到焦虑。

面对悬崖，我们会害怕，是因为我们想到了与之相关的危险——掉落山崖、悬崖断裂或者被人推下去等。这些都会带来死亡的危险。而我们面对死亡时的焦虑，实际上来源于对导致死亡的不可控原因的恐惧。但是，难道你就没有被悬崖下的空灵虚渺所吸引而产生想跳下去试试的冲动吗？醒过神来，你是否又为有这种想法而胆战心惊呢？所以，实际上是主观因素导致焦虑，是主观意识告诉我们有哪些可能发生的危险。因此，我们才是导致自己陷入焦虑的源头。受另外两位哲学家海德格尔和克尔凯郭尔的启发，萨特认为焦虑实际上是在自寻烦恼。

这是因为我们总是在自我怀疑。那么，我们最担心的又是什么呢？既不是外界的世事变迁，也不是自身的缺陷与不足，我们时常这样自问："我能完成这个任务吗？""我的能力够吗？"所有这些自我怀疑都是因为我们无法预知结果，所以我们常常会担心，担心一旦出现了最坏的结果，自己能否承受，于是我们便焦虑不安。因此，焦虑从根本上讲，就是源于人类存在的绝对偶然性。所以，焦虑、恐慌产生的根本原因就是我们承认自己是自由的，绝对且永远是自由的，而我们的一切都来源于自己的自由，来源于自己的自由选择。

人类在焦虑中意识到自由的存在，或者说，焦虑作为人类意识，是自由的一种存在方式，是焦虑凸显了自由的存在和意义。

——《存在与虚无》

掩饰焦虑就是自欺。如果我们相信自己的性格是与生俱来的、行为举动都是必然的、身份地位是上天注定的，那么我们就是自欺欺人的"伪君子"。这样的我们会将一切视为理所当然，将理想、人际交往、工作都控制在没有变化、没有风险的舒适区；会认为"我就是我所是的那个我，即某种既定意义上的我，我是我存在的依据"，并因此放弃任何质疑、任何改变、任何进步。

让我们再看看《恶心》里的布维尔城，看看那里的居民被禁锢的生活。他们用墨守成规回避了偶然性、回避了焦虑，但焦虑是潜在的，会随时出现，防不胜防。在这部作品里，"自学者"这个人物就是一个典型的例子。他常在"我"与"自我"、自由与选择焦虑之间撕扯：因为太想成为天使，而相信自己就是天使，但做起事来却犹如畜生，无耻下流，完全变成另一个人。他表面上是一个正直单纯的人道主义者，心怀善意，渴求知识，勤勉好学。他将自己常去的图书馆视为天堂，却没想到那里有一天成了他的地狱。在那里，两个年轻人故意设了一个陷阱，激起他的恋童癖，而他未能抵挡住诱惑，伪善的面具就此被撕得粉碎。他将真实的自己暴露给了他人：被一位老妇人撞见恶行，被当地的一个银行职员（一个科西嘉人）强奸。该作品借助洛根丁的讲述，开篇这样描述"自学者"：

自学者走在这个冷酷无情的城市，这个从未忘记过他的城市，这里有惦记他的人，那个科西嘉人，那个胖女人，乃至全城的人。他还没有失去一切，他还有他自己，他不能失去自己，那个受折磨、流着血却依然顽强活着的自己。他的嘴唇和鼻孔还在隐隐作痛，他忍着疼痛继续前行，他不能停下来，因为一旦停下来，就会看到图书馆的高墙突然围拢过来，将他封闭在里面；紧接着科西嘉人会突然出现，那恐怖的一幕就又会上演，同样的场景，且细节分明，然后是胖女人的冷笑："这肮脏的行为，就应该下地狱。"他继续走着，他不想回家，因为科西嘉人就在他的房间等他。那个女人和那两个年轻人会说："否认是没有用的，我们全看见了。"于是可怕的一幕就又开始了。他在想："上帝啊，如果我没有做这些，如果我可以不做这些，如果这些都不是真的，那该多好啊。"

——《恶心》

焦虑，人性使然

什么是对、什么是错，接受还是不接受，我们应该选择哪一个？我们就是这样，总是怀疑，从未坚信过自己的选择。然而，我们却是自己行为的唯一判定者。在任何处境下，我们都完全有选择是否屈从于诱惑的自由，就像我们有选择道德规范的自由，以及选择政治倾向和婚姻的自由。因此，我们的选择是我们存在的体现和象征。

严格按规定办事、例行公事有时确实能让我们避免产生令人头疼的焦虑情绪，但有些焦虑是无法回避的。比如我们得自己选择过什么样的生活，尤其当主观意识告诉我们自己有能力改变生活的时候。例如，既然条件和时机都允许，是否就应该考虑转变一下生活重心，从工作狂变成一位好爸爸呢？是否可以放下责任和义务，重拾自己的兴趣爱好呢？到了最后要做决定的时候，我们纷乱不安的内心往往会有这样的疑问和思考：父母或朋友的建议是否有道理？我们的选择是否正确？会有什么样的后果？等着我们的不会是沉重的打击或一败涂地吧？我们有足够的能力完成这个计划吗？所以，怀疑和焦虑无处不在，且总是在关键时刻或采取重大行动前出现。尤其对于那些身担重任的人，比如不允许出现任何失误的外科医生，还有关系着所有员工命运的公司老板，他们焦虑出现的频率会更高。

然而，整个人类都难逃焦虑的折磨。因为无论我们做出任何选择（不管是发自内心还是虚与委蛇、积极主动还是随波逐流、信仰神明还是相信无神论），我们在考虑自身的同时也必然要考虑涉及其中的其他人。我们的人生就是在互相参照、互相模仿中交织前行的。也就是说，我们是不可能脱离他人完全独立做选择的。我们既要为自己负责，也要为他人乃至全人类负责。这样，我们的焦虑就上升到了另一个维度。

　　当我们说人都是在为自己做选择的时候，是想说每个人都在为自己做选择，意思是我们在为自己做选择的时候也在为所有人做选择。实际上，不是我们选择了，我们就能成为自己想成为的人，因为他人对我们的看法、印象不一定就是我们所期望的那样。但是不管怎么选、选什么，都证明了我们有选择的自由，证明了选择的价值，因为我们做选择不会是为了朝坏的方向发展，做选择都是为了朝好的方向发展，只是光自己认为好是没有用的，只有大家都认为好才是真正的好。但是，如果存在先于本质，我们呈现出来的形象与我们本身的形象是一致的，那么这个形象就会得到所有人乃至整个时代的认可。因此，我们的责任比我们想象的要大得多，因为它关系到整个人类【……】这让每个人都有一种被全世界关注和效仿的感觉。这样一来，每个人不免自问：我真的能做到让全世界都以我为榜样吗？没有这样自问的人一定是在掩饰焦虑。这并不是说焦虑就会导致寂静主义和无作为，而是说焦虑只不过是任何有责任感的人都会有的一种情绪。

——《存在主义是一种人道主义》

　　因为焦虑，面对重大责任时，我们会望而却步。紧要关头，我们经常因思虑过多而将自己困在无休止的瞻前顾后中，不断地推迟行动。而越是这样无作为，心中的负罪感就越强烈。那我们是否应该减少迟疑以便更好地投身行动呢？也许吧！但是，担心和焦虑并不会因此消失或减轻。

为了进一步证明这一点，看看萨特帮我们分析研究过的关于亚伯拉罕（Abraham）的故事。上帝派天使通知亚伯拉罕献祭他的儿子。这个天使是真的吗？亚伯拉罕是否做了幻觉的牺牲品？他如何确定自己的这种做法是合法的？亚伯拉罕不是物品，我们不能像对待物品一样对其任意驱使。于是，这个强制命令的下达让亚伯拉罕意识到了自己的自由。他可以自由思考、犹豫，自主决定是否执行这个命令。他清楚事态的严重性——全人类都在看着他，他必须做出表率。亚伯拉罕因此焦虑到了极点，因为他必须为自己的行为独自承担全部责任。

如果有个声音对我讲话，总该由我自己决定它是不是天使的声音吧？如果认为那样做是对的，也是我自己在对与错之间做选择的结果。没有人指定我必须是亚伯拉罕，但是我的行为必须时刻起到表率作用。

——《存在与虚无》

存在主义认为，被抛弃、焦虑和绝望都不能成为无作为的理由，更不能成为极端行为和暴力行为的借口；相反，它们证明了我们有行动的自由，可以利用自由和他人一起行动起来，不再退缩、不再屈从。总之，存在主义以人为中心，关注人类的生存条件，倡导积极地行动起来，为全人类的解放而努力奋斗。

关键问题

1. 你经常感到焦虑吗？一般什么时候会焦虑，什么时候会有所缓解，什么时候达到极限？你用什么方式消除焦虑，是否有效？当你觉得自己的焦虑因受到处境的限制而无法避免时，你可以换个角度看待它。也就是说，当你再次感到焦虑时，就告诉自己，正是焦虑证明了自己在思考，自己是自由人。换句话说，焦虑是你作为人类的特质。

2. 你是否会通过机械盲目地服从命令、执行指令来逃避焦虑？你是否因此消除了焦虑，尤其是面对棘手复杂的局面时？你真的能抛开自由和责任吗？当你明白，作为人类，我们终究无法成为牵线木偶或机器时，你会不会感到些许宽慰呢？

3. 是不是你越消极被动，焦虑越会找上你、干扰你？试想一下：焦虑的出现难道不是在提醒你，不能再麻木下去，是时候积极行动了吗？如果你能够自由释放自己的能量，积极行动起来，发挥自己的主观能动性，你是不是就不会那么压抑和焦虑了呢？

4. 你是不是每到重大行动前就会严重焦虑？每当焦虑感强烈来袭的时候，你有没有想过放弃？或者相反，觉得焦虑也不是什么坏事，因为它恰恰体现了我们的"自由意志"？因为焦虑会使我们处于高度兴奋的状态，你觉得它是否因此会在紧要关头促使我们最大限度地发挥自己的才能和天赋呢？而这种兴奋状态是否就是促使我们抛弃原有死气沉沉、波澜不惊的生活状态的最好方式呢？

5. 再有重要决定要做的时候，你会不会思量一下这个决定是关系到自己一个人，还是也会涉及其他人？请记住，你的决定会关系到全人类。你的行为、你的人生可以为所有人提供参照，这对你是激励还是打击？你是否会因此对自己有更高的要求呢？

携手同行，共建人道主义乐土

今天，我们说萨特是"介入型知识分子"的代表人物，那么什么是"知识分子"？"介入"又意味着什么？萨特在1967年做客加拿大广播电台法语频道，在与克劳德·朗兹曼 (Claude Lanzmann) 和玛德莱娜·戈贝尔 (Madeleine Gobeil) 的座谈中，以核研究学者为例对此给出了明确解释。

一个从事核研究的学者算不上知识分子，只是从其做科学研究的角度讲，他算是一个学者。但是，如果他在做研究的同时，发现他的研究有引发核战争的可能，且他能够主动向世人说明这一点，因为他们觉得他们搞科学研究本来是为了全人类谋幸福，却被一部分别有用心的人利用来为战争服务，这显然违背了他们的初衷。所以，我们看到有很多核研究者联合起来发表声明，反对将他们的研究成果用于任何战争用途，他们能够发现本领域研究可能引发的社会问题，并向世人揭示问题，表明态度，我认为这样积极介入社会的学者才是知识分子。

萨特这段话的中心思想就是：我们的自由和我们的

责任感是为全人类服务的。萨特也正是这样做的，他全身心地投入各种社会斗争和政治斗争中。可见，存在主义不鼓吹个人主义，而是提倡将人类尊严放在中心地位，为平等和公正、为全人类的解放而斗争。因此，人道主义者的不二选择就是，充分发挥自己的自由，积极投身到人道主义行动中。

我们一直在"介入"

我们这里所说的"介入"，不是一定要加入某个政党或工会团体，而是想证明一个事实：我们虽不是自愿来到这个世界上，但我们却是完全自由的。正如帕斯卡所说："既然我们被卷入这个世界，我们就得为自己做选择（比如基督教徒，就必须在是接受还是拒绝'上帝存在'这一点上给出明确的立场）。"同样，萨特认为，介入社会是我们存在的证明，是一件必须做的、无法逃避的事。只要我们生活在这个世界上，无论过哪种人生，都要进行选择，也就是在介入。无论我们是公司老板，还是艺术家，抑或是宗教信徒，我们都是在以自己的方式介入社会，自己也因此有了不同的价值观和人生规划。

但是，我们往往把介入社会和政治联系在一起，因为人不是独立存在的个体，人总是要生活在某个团体、某个社群、某个具有一定秩序的社会里，且社会有它的组织结构、等级分类，而这些都会影响甚至限制我们的自由。也就是说，自由本身是绝对的，只是在具体被行使的时候会受到社会、政治和历史等因素的限制。正是自由让我们意识到自己的这些限制和不得已，当然还有自我解放的可能性。因此，那些极端的情况反而会唤起我们的自由意识。

正是德军的占领让我们意识到我们的自由，且从未如此自由过。

——《法国文学》

萨特这句看似反常的话，其实很容易理解。在战争这样极端的境况下，人最能认清自己，前所未有的责任和义务所带来的压迫感让我们变得异常敏锐。是闭眼等死还是缴械投降，抑或顽强抵抗？我们没有任何逃避的可能，只能面对现实。我们有绝对自由表明自己的立场，且需要刻不容缓地投身到政治运动中。

以自由之名，携手同行

我们斗争的目的是争取自由，是摆脱各种形式的束缚和限制。这就是我们选择的存在意义，也就是包括他人在内的整个人类存在的意义。我们也要为自己的行动对他人造成的后果负责——是捍卫还是侵害了他人的自由。因此，我们通过言行在争取自身自由的同时，也在感召全人类争取自由；想要别人真诚，首先要给他们提供坦诚相见的机会。所以，存在主义主张"为他人"，正说明了我们争取的是"选择的自由"，并不是"获取的自由"。因此，奴隶尽管戴着枷锁，但也是自由的。这并不是说我们在支持不幸和不公正，恰恰相反，我们所有人自由的实现，都要靠自己，永远不要寄希望于事物上，如上帝、人类的善良以及历史必然性。说到这里，有必要聊一聊马克思主义。萨特的政治思想最早来源于马克思主义，并借鉴了马克思的社会分析理论。此外，萨特还是苏联共产主义的实际拥护者，直至1956年苏联出兵干涉匈牙利革命，他才放弃了历史理性主义和"人类终将一步步走向社会主义"的观点。

我们必须行动，尽我们所能为争取自由生活而斗争。就像萨特和波伏瓦那样："二战"后，他们联合其他知识分子，创办了《现代杂志》(Les Temps modernes)，第一期就彰显了其政治、文化使命和社会责任。

我们的终极目标是获得自由，是使自己得以解放。然而，人类想要获得完全解放，只赋予他们选举权，而不触及其他生存要素是不够的。完全解放就意味着彻底改变，包括身体外形、经济状况、性观念以及政治背景等。

——《处境种种》第二卷

介入的实际意义

可见，存在主义哲学之于我们就是一部人生指南。它在最早的古希腊哲学的基础上，摒弃单纯的理论研究，致力于指导人类的实际生活，帮助人类找到解决人生困难的方法，其宗旨是让每个人乃至全人类都摆脱束缚、获得解放。我们都是自由的囚徒，大多数时候我们认为没有选择，实际上是被自己的自由意识所欺骗(切勿妄自菲薄!)。而存在主义的哲学思想正如指路明灯，可以唤醒我们的意识，让我们在面对社会不公、压迫剥削和捆绑桎梏时，敢于反抗和斗争。存在主义哲学就是我们摆脱逆来顺受、为人类解放进行斗争的思想武器。

萨特参加过很多战斗，包括法国前殖民地的独立战争(印度支那独立战争和阿尔及利亚独立战争)、古巴革命，以及1968年巴黎

"五月风暴"。事实上，他一直在介入社会，一直在战斗，直到1980年去世。尽管他有很多作品，包括评论、戏剧和小说，但他的战斗不只停留在写作上，他还会亲自走上街头、走进工厂，走出国门与独立运动的领导者们并肩作战。此外，他还通过在报纸上发表文章、参加游行或接受电视采访的方式捍卫人类的自由，抵制政治上或社会上的不公正以及殖民压迫。因此，1979年发生"越南船民事件"后，法国电视一台的记者问萨特为什么要加入"为越南难民提供一艘船"救助委员会时，他是这样回答的："从私人角度讲，我决定救助的这些人在越南自由保卫战时期可能不是我的朋友。但这并不重要，重要的是，他们是人，是正在面临死亡威胁的人。我认为，人权的含义就是，任何人都有义务去援助那些面临生命危险和遭受重大灾难的人。这就是我加入救助委员会的原因，即出于人道主义考虑，与我的政治立场无关。"

这如何不让我们想起那些大大小小的船只上挤满难民的凄惨画面……这给充斥我们周围的等待主义者上了很好的一课，也让麻木的无作为者意识到是该好好反省一下了。因为不管是过去还是现在，我们都有责任发现和指出日益滋生的不公正现象和歧视行为，抵制木偶式的千篇一律。要知道，抹杀个体的个性，让全人类都活成一个样是多么可怕的事情！如今，这个世界仍然灾难频发，有数以百万计的人仍无法安居乐业，过着流离失所、毫无尊严可言的生活。因此，我们应该冲出个人主义的包围圈，团结起来，共同抵御灾难、克服困难。我们不能只为自己，还要关注那些因种族出身等因素，受到歧视和不公正对待的人。过激分子、狂热分子、异端政治和异端宗教正窥伺左右。对此，我们不能只做旁观者，而应该介入其中，坚持不懈地积极行动，睁大双眼，认清现实，以便采取有效且可行的介入方式，比如参加贫困救助协会、孤寡老人帮扶组织，或者某些扫盲组织等。如果可能的话，也可以加入某个工会或政党，以更好地宣传一些信仰、思想以及新的有益公众的生活观念。

在现代社会，介入尤为重要。我们应该从萨特的存在主义思想中借鉴经验，面对消极被动、悲观放弃、自私冷漠等情绪和态度，只有积极介入和努力行动才是最重要的。要永远记住：

行动本身就是希望。

——《存在主义是一种人道主义》

存在主义绝不是个人主义

萨特的哲学思想由始至终都在讨论人，从人是自由意志主体入手论证分析，得出结论：人类应该具有的道德品质是利他和宽厚。与传言相反，萨特反对冷漠和自私自利。

某些人批评我们的思想有碍人类团结，批评我们从纯主观主义，即笛卡儿的"我思"出发，认为人是孤立的个体，至少大部分人是孤立的。他们认为"我思"会将自己封闭在一个孤立的世界里，与他人隔绝，因此必然会感到孤独，就更谈不上与他人团结一致了。

——《存在与虚无》

总之，在这些人看来，无论是理论思考还是在实际生活中，"我思"都是把自己封闭在自我的空间里，无法感受他人意识的存在，总认为自己的认知是正确的，这样必然会导致人类自私自利、罔顾他人。然而，人际交流就是用他人的意识印证自我意识的过程，让他人完全明白我们的意图是我们与他人交流时肩负的主要责任。所以，存在主义绝非自私自利的个人主义，而是主张在为自己着想的同时也要为他人着想，时刻警惕不要伤及任何人的自由。如果哲学思考反映了我们的自由意志，我们就应该发自本心，经过缜密的逻辑推理，总结出完整全面的思想理论：认清"被抛弃"让我们回归本真性，因而获得最大限度的自由，且不能忽视他人的自由。走出个人主义的我们所肩负的责任就更大了，因此焦虑也就在所难免。

人生在世，既要对自己负责，也要对世界负责。

——《存在与虚无》

在绝望中，先用我们的自由意识对形势做出清晰合理的判断，再与他人一起积极行动起来，为实现既定目标而奋斗。

当我宣称我要想尽一切办法获取自由的时候，我的目的就只有一个，就是获取自由本身。一旦人们认识到是在被遗弃中寻找生存的意义，他想要的就只有一样东西，那就是自由。它是人类存在的最根本的意义。这并不是把人类想要的自由抽象化，而是说，发自内心的人类行动的终极意义，就是获取本该具有的自由。就像一个人加入工会，是共产党的工会也好，是某革命团体的工会也好，都会有具体的行动目标，而这些目标的实现最终都是为了获得自由。所以，我们所说的自由并不是凭空乱想的，而是通过具体行动、具体目标的实现达成的。我们为了自由而争取自由，这个争取的过程是一个跨越各种艰难险阻的具体行动过程。在这个过程中我们发现，我们的自由与他人的自由是互相依存、不可分割的。

——《存在主义是一种人道主义》

因此，我们永远不能忘记他人，我们应该为帮助那些遭遇不幸、受压迫、受歧视的群体而积极行动，坚持斗争。同样，我们也不能忘了那些"伪君子"，他们利用冠冕堂皇的说辞、损人利己的手段来否定自由，以谋求自身的利益，我们必须坚持不懈地与"伪君子"做斗争。

构建人道主义之路永无止境

萨特思想的核心就是存在先于本质，因此我们未来会成为什么样的人、有什么样的成就，都不是预先决定的，而是自己主观意识自由选择的结果。存在主义者不是目的论者，他们没有一定要实现的目的，也没有现成的完美人设或理想的社会模式可参照。没有什么是由上帝决定的，也没有什么是历史必然。存在主义哲学批判目的论人道主义，因其将一切标准化、模式化而显得专制、排他，且具有一定的强迫性。它将人道主义的过去和现在看成准备阶段，是通向完美结局的开端，这就等于预先决定了人类应该是什么样的——这岂不是重新陷入本质主义，终将走向卑劣腐败的法西斯主义？因此，我们应该纠正那些目的论下的过激行动和过分行为，用更大范围的救赎行动让人道主义获得新生。

存在主义是一种将人类自由放在中心位置的人道主义。人类与物品、现象不同，不能用存在原因来定义，因为人类存在是没有原因的，人类本身就是它存在的原因。因此，在人类存在之前，没有什么可以用来定义他们的存在，而人类的存在就是在处境提供的各种可能性中进行选择、做出决定的过程。

　　说它是人道主义，是因为存在主义告诉世人，人类自己才是唯一的立法者，因为被抛弃在这个世界上，人类只能自己决定自己存在的意义；而要想实现某个目标，寻求自我解放，光靠自己是不够的，还需要他人的参与和协助，也就是这样，人才构成了真正意义上的人类。

——《存在主义是一种人道主义》

　　萨特所倡导的人道主义绝非教条主义，每个人都可以结合自己的实际情况，灵活运用它来获得自己以及他人的自由。从这个意义上讲，它让我们看到了建立真正的"人道主义乐土"的希望。

生平

介绍

让-保罗·萨特，1905年6月21日出生于巴黎，在其《文字生涯》一书中讲述了他十岁之前的生活。萨特两岁时父亲去世，由母亲和外祖父母抚养长大。之后，他以优异的成绩考入巴黎高等师范学校，于1929年参加了全国大中学教师资格考试(以第一名通过考试，当时已经与萨特相识数年的波伏瓦是第二名)，取得哲学教师资格之后在阿弗尔任教。1933年，萨特赴德国留学深造一年，学习埃德蒙德·胡塞尔(Edmund Husserl)的现象学。胡塞尔的哲学思想对萨特后来的存在主义哲学思想的形成起着决定性的作用。萨特学成后回到法国，一边继续自己的教学生涯，一边进行文学创作、撰写哲学论文。《恶心》(1938)是他发表的第一部小说。从此，他声名鹊起，且影响力逐年扩大。"二战"爆发后，他应征入伍，后被俘，在德国度过了几个月的监狱生活；之后回到巴黎，开始了他的文学战斗之路，这也是他抵抗德军占领的方式(然而也有人因此批评他缺乏实战)。接着，他开始撰写政治性文章，与包括《战斗报》在内的多家报纸合作。在著名的巴黎花神咖啡厅，他开始了创作的黄金时期，其间有大量作品问世，包括哲学作品、小说和戏剧。其中的一些戏剧在战争期间还被搬上舞台，比如《隔离审讯》。当然，在此期间出版的还有他最主要的哲学专著《存在与虚无》(1943)。

法国解放战争期间，《现代杂志》的创办标志着萨特与波伏瓦、莫里斯·梅洛-庞蒂 (Maurice Merleau-Ponty)、雷蒙·阿隆 (Raymond Aron) 等其他知识分子一起投身政治斗争。萨特的文章也开始关注现实，关注国家领土、主权以及前线战事。而他著名的《存在主义是一种人道主义》(1945) 一书，就发表于战后双边谈判时期。这也是文化运动兴起、存在主义成形、青年人热切渴望自由的时期。这种氛围在当时的咖啡馆、圣日耳曼德佩区的爵士乐俱乐部，以及朱力特·格蕾科 (Juliette Gréco)、鲍里斯·维昂 (Boris Vian) 和穆鲁基 (Mouloudji) 等艺术家身上都能感受到。

受马克思主义影响，萨特与共产党有着千丝万缕的关系。他由起初反对法国共产党到1952年与之靠近，再到1956年苏联进攻匈牙利时与之彻底决裂。在此期间，他多次游历苏联，并结交了包括梅洛-庞蒂在内的多位苏联友人。之后，他开始接触毛泽东思想，并在波伏瓦陪同下远渡重洋会见社会主义革命领袖[毛泽东和菲德尔·卡斯特罗 (Fidel Castro)]，并产生了深远的国际影响。萨特在积极投身政治活动、支持阿尔及利亚等地的反殖民斗争的同时，仍笔耕不辍，于1964年出版了《文字生涯》一书。同年，萨特拒领诺贝尔文学奖，原因是不愿意"被改造成体制中的人"。

1968年，法国发生了震惊世界的"五月风暴"，萨特旗帜鲜明地支持左派学生。可惜，此时他的身体出现了问题（失明造成了他的诸多不便），许多行动计划因此搁置。但是他仍然坚持写作，于二十世纪七十年代初发表了三卷《家庭白痴》(*Idiot de la famille*)——专门研究福楼拜的名著。除此之外，他还走上街头亲自传发他作为创办者之一的《解放报》。在波伏瓦和挚友——年轻的皮埃尔·维克多 (Pierre Victor) 的陪伴和支持下，萨特于1974年出版了他的最后一本书《造反有理》(*On a raison de se révolter*)，该书完整收录了他的政治访谈。但此时，他的身体状况每况愈下，最终于1980年4月15日死于肺水肿。

数千人参加了他的葬礼，举世哀悼，哀悼这位介入型知识分子的代表人物。人们对他的称颂和悼念遍布电视、报纸等媒体，其中有对他的缅怀，也有对他生前传奇逸事的回忆以及对他这一生的点评。至此，他也成了世人评说的对象，且再无力反驳，只能将自己完全交付他人去评判——这样的评判中混杂着虚伪与直率、虚假与真实、欺骗与诚实——就像他在专门研究福楼拜的那本书中写的那样："走进死亡犹如走进磨坊……"

在萨特去世四十多年后的今天，无论他的存在主义有何争议，有一点都无可辩驳：它是二十世纪一位伟大思想家留给我们的、集文学与哲学价值于一体的宝贵精神财富。

阅读

指南

《存在与虚无》

该书是萨特存在主义哲学的核心著作，详细且完整地阐述了他的哲学思想。但鉴于其专业性较强，非专业人士理解起来可能会有些困难。

《存在主义是一种人道主义》

该书最初是萨特"二战"后的一次演讲，后成书出版。他在书中简明扼要、生动清晰地总结了存在主义的主要哲学观点，适合初学者阅读。

《辩证理性批判》

该部长篇巨著详细阐述了存在主义与马克思主义的关系，重新解释了马克思主义，笔调略显晦涩。

《关于犹太人问题的思考》

该作品属于政治评论，在深度剖析反犹太主义的基础上，揭露了反犹分子的"伪君子"本性以及他们的恶行造成的后果——让犹太人陷入艰难处境。本书观点鲜明，论述详细清晰，论据充分有力。

《恶心》

该小说是萨特的代表作，充分展现了他的文学创作才华。其中包含的哲学思想是其存在主义继《存在与虚无》之后上升到一个新阶段的体现。

《隔离审讯》

"他人即地狱"，萨特的这一金句就出自这部戏剧作品中。书中有大量关于死亡主题的探讨，语言辞藻华丽，情节扣人心弦，不仅适合阅读，也适合观看。

《文字生涯》

这是萨特以讲述自己童年生活为主要内容的小说，是其临近暮年时对自己人生的一个总结。该书作为其文学创作的封笔之作，也是萨特最优秀的作品之一。

雅内特·克隆倍尔,《让-保罗·萨特,一个活在处境中的男人》(巴黎, 袖珍本, "人物传记评论系列", 2000)。

这本由萨特的朋友所著的传记评论, 读来如小说一样引人入胜, 可以带你走进萨特的生活, 让你全面了解他的作品。

安妮·科恩-索拉尔,《萨特, 21世纪伟大的思想家》(巴黎, 伽利玛出版社, "伽利玛发现之旅丛书", 2005)。

该作者也是作品《让-保罗·萨特》(巴黎, 普弗, "法国大学通识教育系列图书", 2005)的作者。这位存在主义研究专家言简意赅、循循善诱地介绍了这位圣日耳曼德佩区的伟大思想家萨特的人生重要阶段和主要哲学思想, 强调了他的思想的现实意义。

米歇尔·龚达,《为了萨特》(巴黎, 普弗, "评论视角系列丛书", 2008)。

米歇尔·龚达是杰出的萨特研究专家, 与亚历山大·阿斯楚克一起创作了电影剧本《萨特实录》(1976)。他在《为了萨特》这部作品里, 用20篇论著满怀激情地对萨特和他的作品做了全新的解读和诠释。

图书在版编目（CIP）数据

与萨特一起升维认知 /（法）弗雷德里克·阿卢什著；
赵旭译 . —上海：上海三联书店，2023.5
ISBN 978-7-5426-8034-1

I.①与⋯ Ⅱ.①弗⋯ ②赵⋯ Ⅲ.①萨特（Sartre,
Jean Paul 1905—1980）– 哲学思想 – 研究 Ⅳ.
① B565.53

中国国家版本馆 CIP 数据核字 (2023) 第 058022 号

Être libre avec Sartre © 2011, Editions Eyrolles, Paris, France.
This Simplified Chinese edition is published by arrangement with Editions
Eyrolles,Paris, France, through DAKAI - L'AGENCE.

著作权合同登记　图字：09-2022-0989

与萨特一起升维认知

著　者	［法］弗雷德里克·阿卢什
译　者	赵　旭
总策划	李　娟
策划编辑	李文彬
责任编辑	宋寅悦
营销编辑	张　妍
装帧设计	潘振宇
封面插画	潘若霓
监　制	姚　军
责任校对	王凌霄

出版发行 上海三联书店
　　　　　（200030）中国上海市漕溪北路331号A座6楼
邮　箱 sdxsanlian@sina.com
邮购电话 021-22895540
印　刷 北京盛通印刷股份有限公司

版　次 2023年5月第1版
印　次 2023年5月第1次印刷
开　本 787mm×1092mm　1/32
字　数 85千字
印　张 5.375
书　号 ISBN 978-7-5426-8034-1/B·829
定　价 52.00元

敬启读者，如发现本书有印装质量问题，请与印刷厂联系15901363985

人啊，认识你自己！